Potenzen

1 Vervollständige die Tabellen.

a)

11^2	13^2		16^2	
		144		324

b)

$1{,}2^2$	$0{,}15^2$		$1{,}4^2$	
		2,89		3,61

2 Trage in die Tabelle ein.

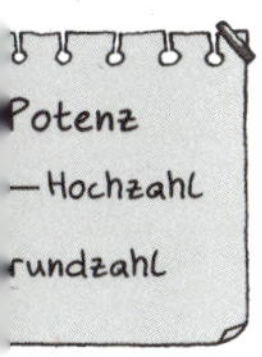

		a)	b)	c)	d)	e)
Potenz	5^3	7^2	2^4			
Produkt	$5 \cdot 5 \cdot 5$			$6 \cdot 6 \cdot 6 \cdot 6$		
Ergebnis	125				512	27

3 Verbinde, was zusammengehört.

$3 \cdot 3 \cdot 3 \cdot 3$ | $4 \cdot 4 \cdot 4$ | $2 \cdot 2 \cdot 2 \cdot 2 \cdot 2$ | $4 \cdot 4 \cdot 4 \cdot 4$ | $5 \cdot 5$

4^3 | 2^5 | 3^4 | 5^2 | 2^4 | 4^4

32 | 81 | 64 | 16 | 256 | 25

4 Schreibe als Produkt und berechne. $4^3 = 4 \cdot 4 \cdot 4 = 64$

a) $3^5 =$ ______ = ______

$1{,}2^2 =$ ______ = ______

$\left(\frac{1}{2}\right)^5 =$ ______ = ______

b) $7^3 =$ ______ = ______

$0{,}5^3 =$ ______ = ______

$\left(\frac{3}{5}\right)^3 =$ ______ = ______

5 Rechne im Kopf.

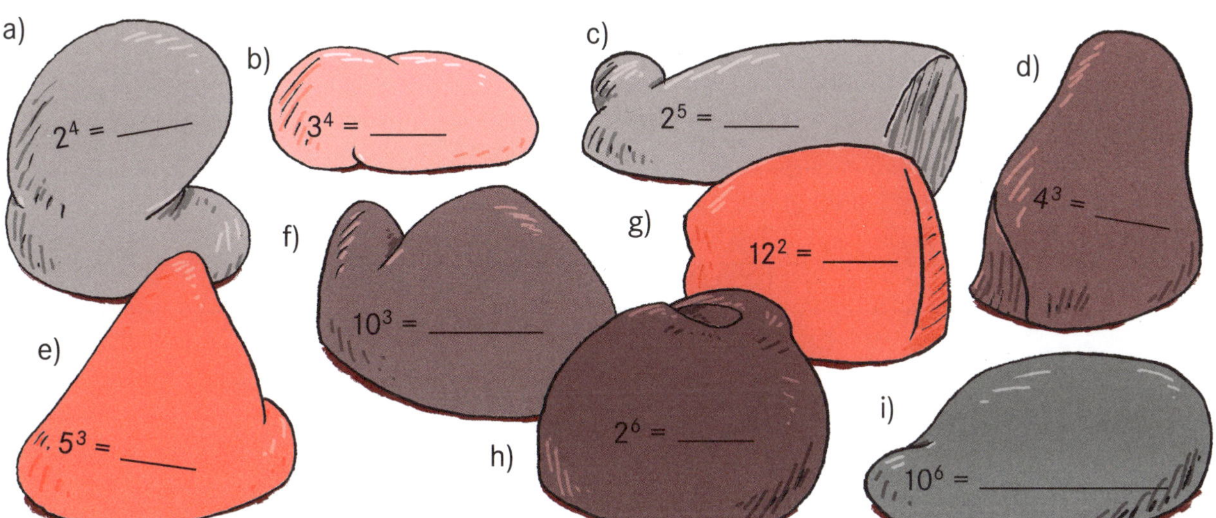

a) $2^4 =$ ______

b) $3^4 =$ ______

c) $2^5 =$ ______

d) $4^3 =$ ______

e) $5^3 =$ ______

f) $10^3 =$ ______

g) $12^2 =$ ______

h) $2^6 =$ ______

i) $10^6 =$ ______

Quadratwurzeln

1 Setze die richtigen Zahlen ein.

$\sqrt{9} = 3$, denn $3^2 = 9$

a) $\sqrt{64}$ = ____, denn ____ = ____

b) $\sqrt{144}$ = ____, denn ____ = ____

c) $\sqrt{}$ = 7, denn ____ = ____

d) $\sqrt{}$ = ____, denn 14^2 = ____

e) $\sqrt{}$ = ____, denn ____ = 121

2 a) $\sqrt{2{,}25}$ = ____, denn ____ = ____

$\sqrt{0{,}64}$ = ____, denn ____ = ____

b) $\sqrt{3{,}24}$ = ____, denn ____ = ____

$\sqrt{0{,}09}$ = ____, denn ____ = ____

3 Bestimme die Seitenlänge a der Quadrate.

a)

$A = 9\ cm^2$

a = ____

b)

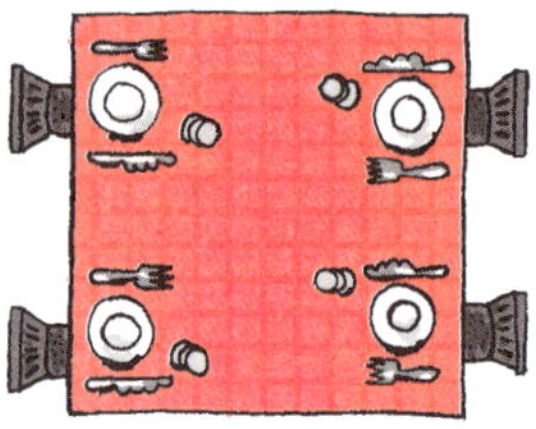

$A = 2{,}25\ m^2$

a = ____

c)

A = 9 a = ____ m^2

a = ____ m

d)

A = 4 ha = ____ a

= ____ m^2

a = ____ m

4

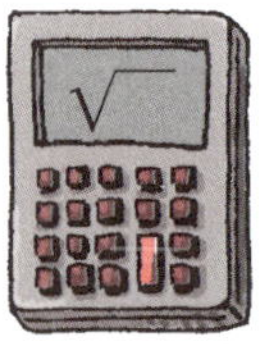

Quadratwurzel	$\sqrt{70}$	$\sqrt{55}$	$\sqrt{67}$	$\sqrt{83}$	$\sqrt{96}$	$\sqrt{130}$	$\sqrt{160}$
Überschlag	$8^2 = 64$ $9^2 = 81$						
gerundet	$\sqrt{70} = 8{,}37$						

5 Überschlage und berechne.

Quadratwurzel	$\sqrt{9}$	$\sqrt{90}$	$\sqrt{900}$	$\sqrt{9000}$
Überschlag				
Ergebnis				

$\sqrt{36}$	$\sqrt{3{,}6}$	$\sqrt{0{,}36}$

Rechnen mit Potenzen

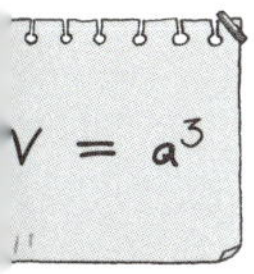

1 Berechne das Volumen der würfelförmigen Gegenstände. Runde sinnvoll, wenn nötig.

a)

a = 1,5 cm

V = ________

b)

a = 27,2 cm

V = ________

c)

a = 47,5 cm

V = ________

d)

a = 12,45 m

V = ________

2 Berechne mit dem Taschenrechner. Überschlage zuerst.

a)	b)	c)	d)
4^5 = ________	5^6 = ________	11^4 = ________	$1{,}4^3$ = ________
8^4 = ________	7^4 = ________	15^3 = ________	$0{,}5^4$ = ________
2^9 = ________	9^5 = ________	12^5 = ________	$7{,}5^3$ = ________

3

a) $68 - 7^2$
= 68 – ____
= ________

b) $115 + 3^4$
= ________
= ________

c) $4 \cdot 5^3$
= ________
= ________

d) $8^3 + 2^5$
= ________
= ________

e) $12^2 : 6$
= ________
= ________

4 Verbinde mit den richtigen Ergebnissen.

a) $(19 - 9)^3$

$(18 + 12)^2$

$(37 - 35)^{10}$

$(90 : 15)^4$

900
1024
1000
1100
1296

b) $(12 - 8)^4$

$(9 + 12)^2$

$(63 - 56)^3$

$(21 - 18)^5$

441
243
256
484
343

5 Beachte die Regeln. Verbinde mit den richtigen Ergebnissen.

$7^2 + (20 - 17)^3$	$(4 + 9)^2 - 2^6$	$9^3 - (31 - 26)^4$	$(71 - 69)^4 + 3^4$

104	76	97	106	105

Zehnerpotenzen

1 Ergänze.

Million	1 000 000	10^6
	100 000	
Zehnmilliarden		
	1 000 000 000 000	
Hundertmillionen		
		10^9

2 Schreibe ohne Zehnerpotenz.

a) $4{,}3 \cdot 10^4 =$ ______ b) $12{,}7 \cdot 10^3 =$ ______

c) $8{,}53 \cdot 10^5 =$ ______ d) $3{,}07 \cdot 10^6 =$ ______

3 Schreibe mit Zehnerpotenzen.

Volumen 1 083 000 000 000 km^3 = 1,083 · ______ km^3

Wassermenge 1 360 000 000 km^3 = ______

Masse 5 970 000 000 000 000 000 000 t = ______

Alter 4 600 000 000 Jahre = ______

4 Ergänze.

Tausendstel		
Zehnmillionstel		
Milliardstel	0,000000001	10^{-9}
	0,00001	
		10^{-6}
		10^{-4}

5 Schreibe mit Zehnerpotenz. (1 Stelle vor dem Komma) $0{,}00736 = 7{,}36 \cdot 10^{-3}$

a) 0,07 = ______ b) 0,0008 = ______ c) 0,000004 = ______

d) 0,071 = ______ e) 0,00045 = ______ f) 0,0347 = ______

6 Schreibe ohne Zehnerpotenz. $2{,}6 \cdot 10^{-4} = 0{,}00026$

a) $3{,}5 \cdot 10^{-3} =$ ______ b) $6{,}3 \cdot 10^{-6} =$ ______

c) $1{,}5 \cdot 10^{-4} =$ ______ d) $9{,}7 \cdot 10^{-5} =$ ______

Mach dich fit!

Test 1

1 Schreibe als Potenz und berechne.

a) $5 \cdot 5 \cdot 5$ = ______ = ______

b) $2 \cdot 2 \cdot 2 \cdot 2 \cdot 2 \cdot 2$ = ______ = ______

c) $3 \cdot 3 \cdot 3 \cdot 3$ = ______ = ______

2 Schreibe als Produkt und berechne.

a) 6^3 = ______ = ______

b) 4^4 = ______ = ______

c) 12^2 = ______ = ______

3 Bestimme die Seitenlänge der Quadrate mit dem Flächeninhalt A.

a) $A = 16\ cm^2$; a = ______ b) $A = 2{,}56\ m^2$; a = ______ c) A = 9 ha; a = ______ m

4 Beachte die Regeln.

a) $54 + 2^3$ = ______ b) $120 - 3^4$ = ______ c) $8^3 : 4$ = ______

5 Schreibe ohne Zehnerpotenz.

a) $3{,}5 \cdot 10^4$ = ______ b) $8{,}3 \cdot 10^5$ = ______

c) $8 \cdot 10^{-3}$ = ______ d) $1{,}6 \cdot 10^{-4}$ = ______

Test 2

1 Schreibe als Produkt und berechne.

a) 7^3 = ______ = ______

b) $1{,}5^2$ = ______ = ______

c) $\left(\frac{1}{2}\right)^4$ = ______ = ______

2 Überschlage und berechne.

a) $\sqrt{29}$ = ______

b) $\sqrt{45}$ = ______

c) $\sqrt{90}$ = ______

3 Berechne das Volumen der Würfel mit der Seitenlänge a.

a) a = 1,4 cm; V = ______ b) a = 2,35 m; V = ______

4 Beachte die Regeln.

a) $9^2 + (31 - 26)^3$ = ______

b) $(13 + 7)^2 - (91 - 89)^6$ = ______

5 Schreibe mit Zehnerpotenz.

a) 3 500 000 = ______ b) 78 000 000 = ______

c) 0,0008 = ______ d) 0,000034 = ______

Figuren vergrößern und verkleinern

1 Zeichne die Originalfigur im angegebenen Maßstab.

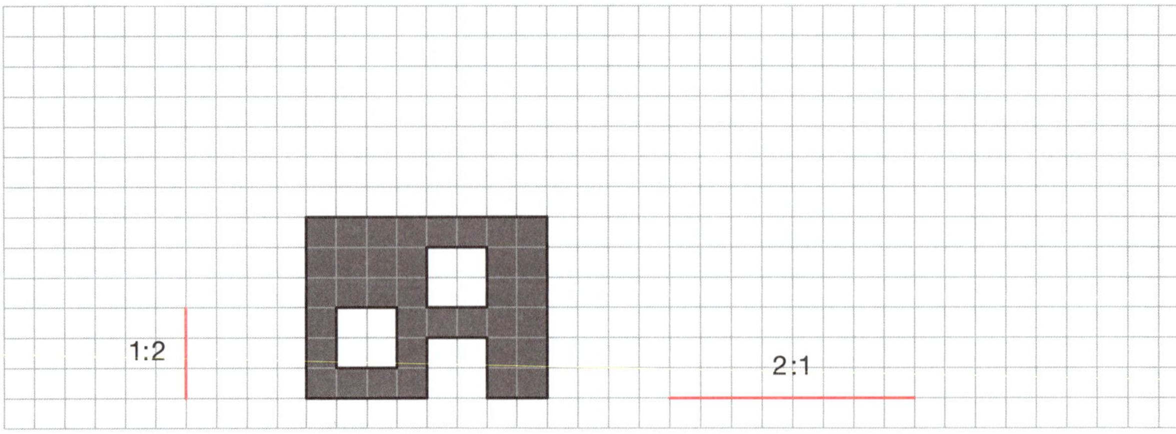

2 Vervollständige und gib den Maßstab an.

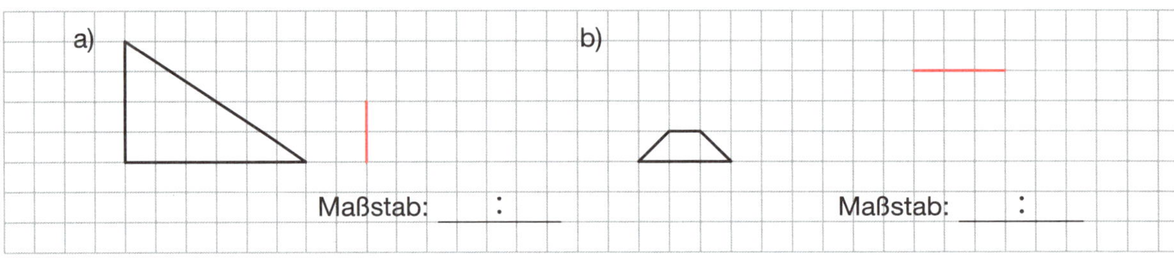

3 Der Grundriss des Wohnzimmers ist im Maßstab 1 : 40 gezeichnet.

a) Wie groß ist das Wohnzimmer in Wirklichkeit? 1 cm ≙ ___________

Länge: ______________ Breite: ______________ Flächeninhalt: ______________

b) Berechne die Maße der Möbel für die Zeichnung. Trage ein.

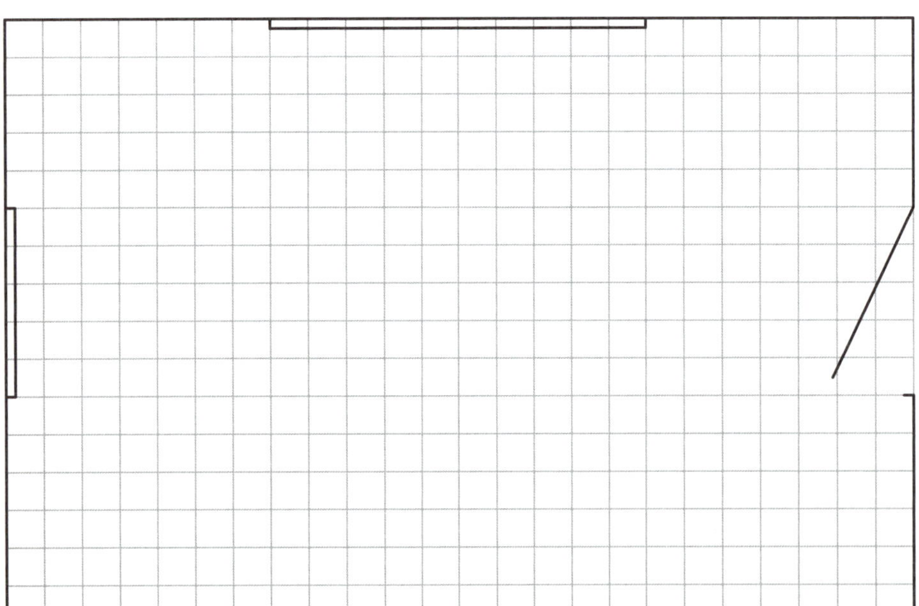

Schrank 240 x 60	6 x 1,5
Tisch 180 x 60	
Sofa 180 x 80	
Sessel (2) 80 x 80	
Fernsehen 100 x 60	
Tischchen 80 x 40	
Stuhl 40 x 40	

c) Schneide für die Möbel Kärtchen aus und richte das Wohnzimmer verschieden ein.
d) Zeichne eine Möglichkeit in den Grundriss ein.

Dreiecke konstruieren

1 Konstruiere die Dreiecke nach den Planfiguren.
Miss die übrigen Seitenlängen und Winkel und schreibe sie in die Zeichnung.

a)

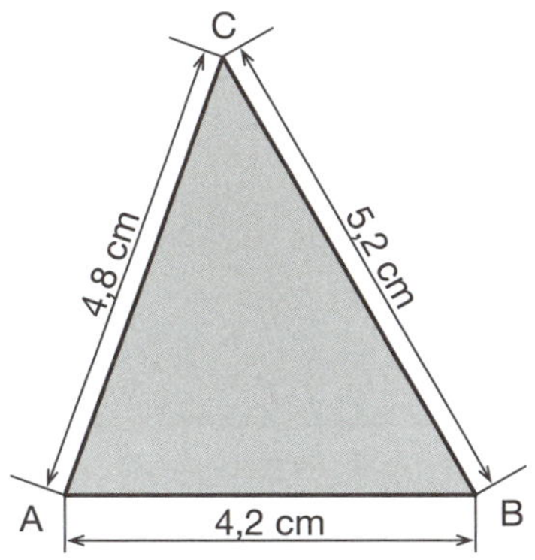

b)

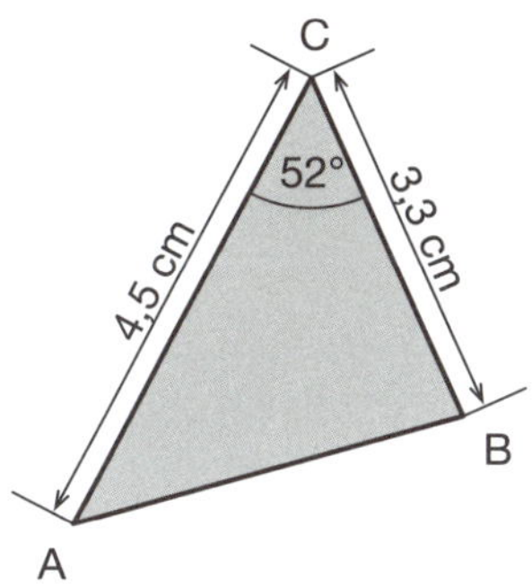

c)

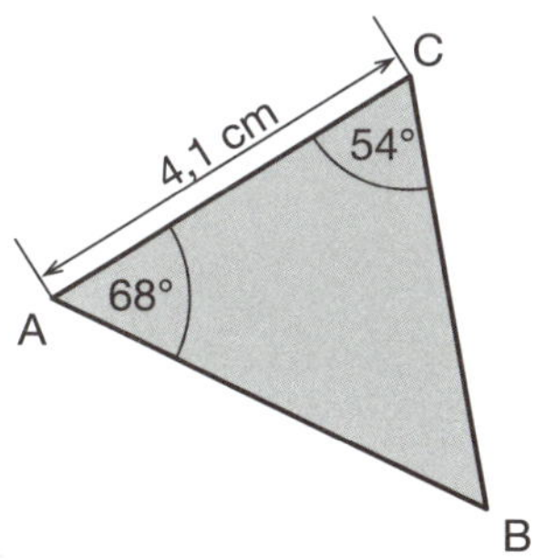

2 Konstruiere die Dreiecke im Heft.

a) a = 3,5 cm; b = 4,2 cm; c = 5,8 cm

b) b = 3,8 cm; c = 6,2 cm; α = 65°

c) b = 4,1 cm; c = 4,8 cm; β = 35°

d) c = 7,6 cm; α = 48°; β = 100°

Vierecke konstruieren

1 a) Benenne die Vierecke.
b) Färbe in jedem Viereck gleich große Winkel (gleich große Seiten) mit der gleichen Farbe.
c) Zeichne Spiegelachsen ein, falls möglich.

(1)

(2)

(3)

(4)

(5)

(6)

2 Ergänze die Figuren.

a)
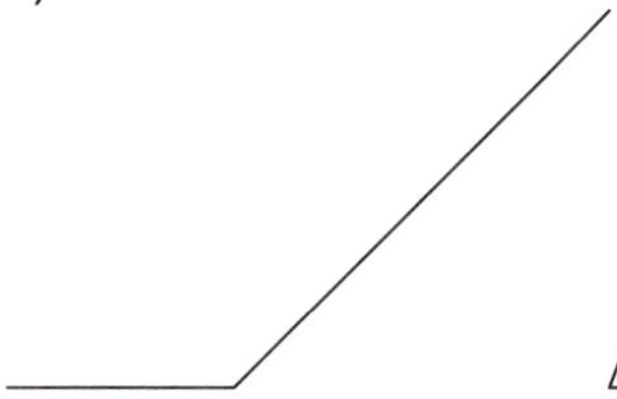

Parallelogramm

b)

Gleichschenkliges Trapez

c)

Drachen

3 Zeichne die Vierecke nach den Planfiguren.

a)
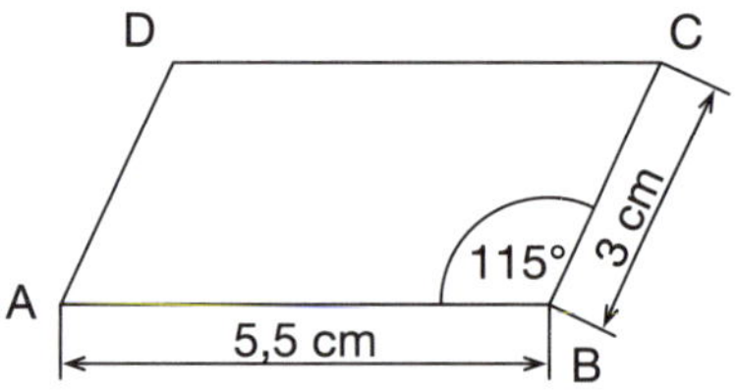

b)
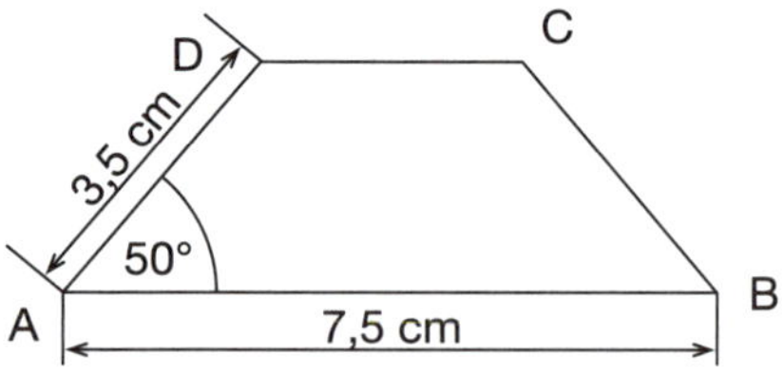

A ×

A ×

1

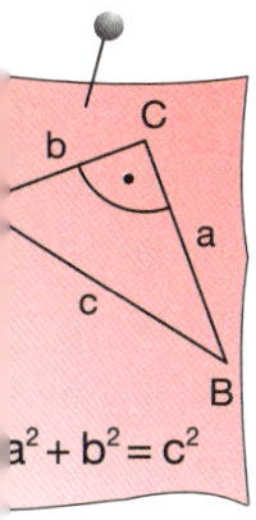

(1)

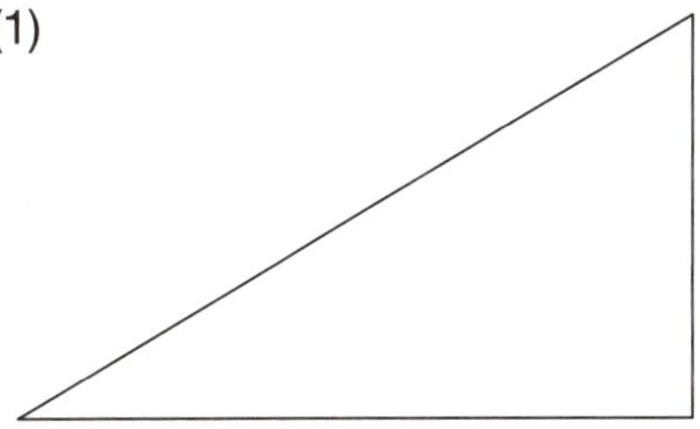

(2)

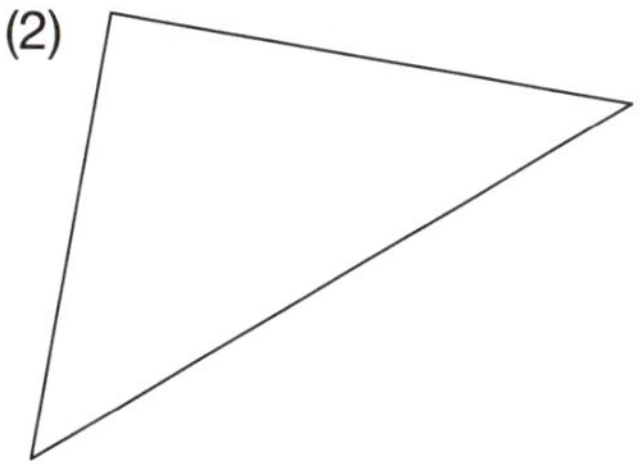

(3)

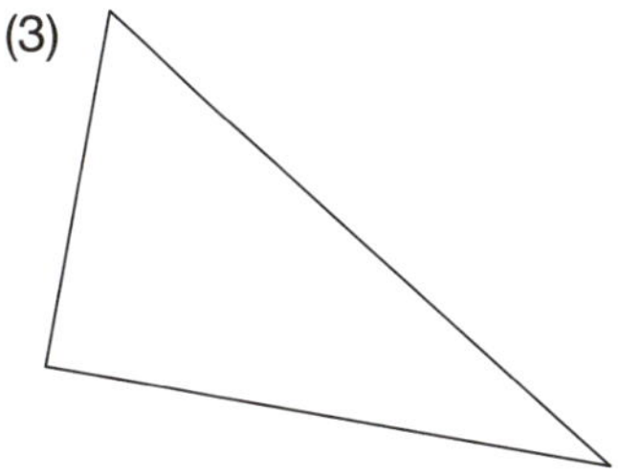

a) Markiere rechte Winkel, miss die Katheten und schreibe sie an die Strecken.
b) Berechne die Hypotenuse und überprüfe in der Zeichnung.

(1) (2) (3)

2 Zeichne die rechtwinkligen Dreiecke ($\gamma = 90°$). Bestimme die dritte Seitenlänge durch Messen und Rechnen.

a) a = 3 cm; b = 2,5 cm

C ×

c = ______

b) b = 3 cm; c = 4 cm

C ×

a = ______

c) a = 1,5 cm; c = 4,8 cm

C ×

b = ______

3 Berechne die fehlende Seite in einem rechtwinkligen Dreieck ($\gamma = 90°$). Trage in die Tabelle ein.

a)

a	b	c
5 cm	8 cm	
8,5 cm	3,4 cm	

b)

a	b	c
9,2 cm		21 cm
	7,8 cm	18,4 cm

4 a) Wie weit steht die Baurutsche von der Wand ab?

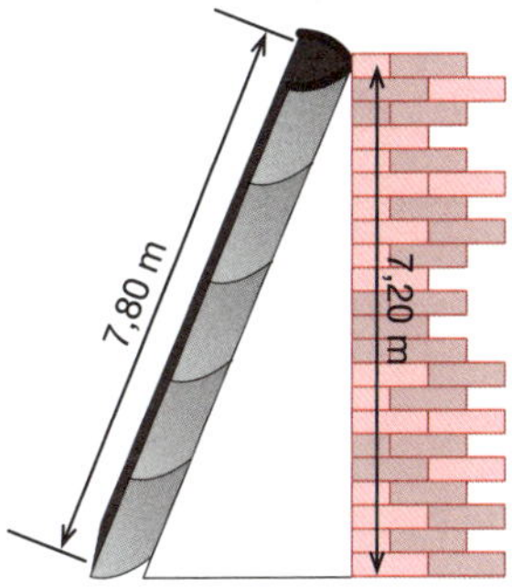

b) Wie hoch reicht die Leiter?

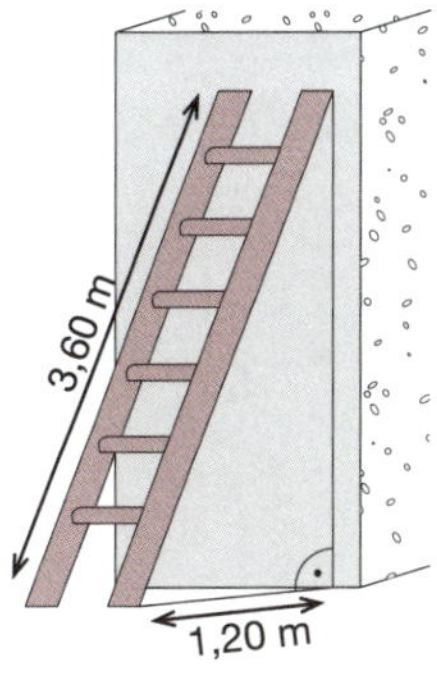

Berechnungen mit dem Satz des Pythagoras

1 Berechne die Höhe und den Flächeninhalt der gleichschenkligen Dreiecke.

a)

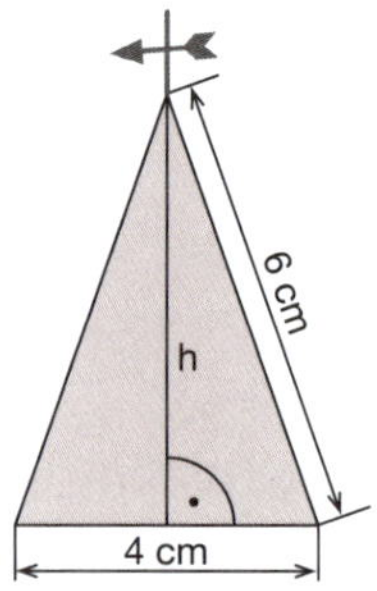

b)

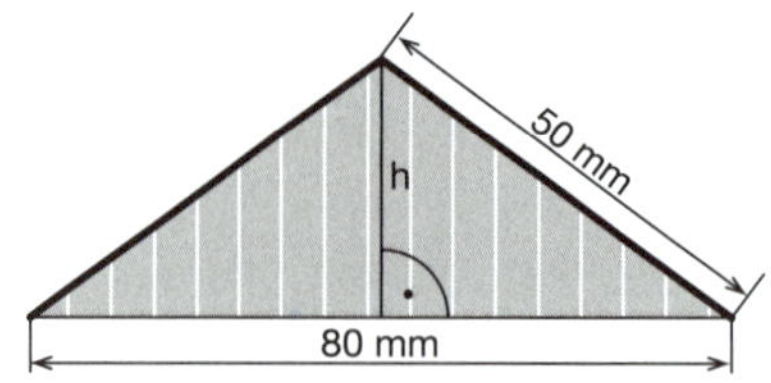

c)

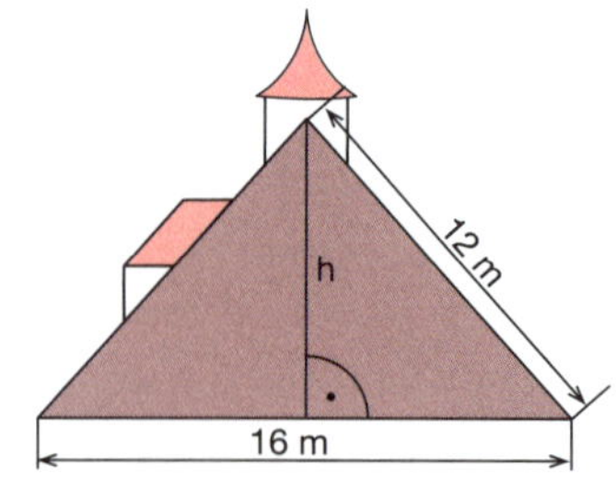

a) h = ____________ A = ____________

b) h = ____________ A = ____________

c) h = ____________ A = ____________

2 Passt die SAT-Schüssel schräg durch das Dachfenster?

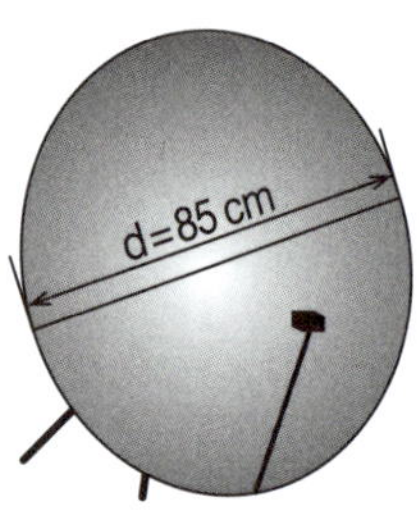

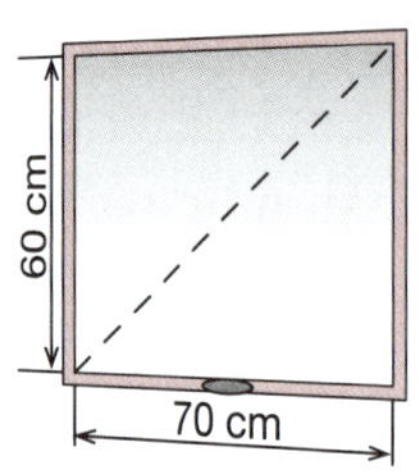

3

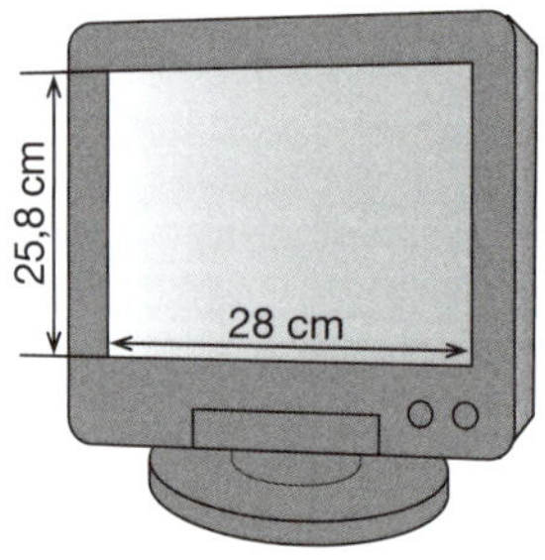

a) Berechne die Diagonale des Monitors.

b) Es ist ein ________ Zoll - Monitor.

1 Zoll = 2,54 cm

4 Berechne die Längen der rot eingezeichneten Strecken. (Maße in cm)

a)

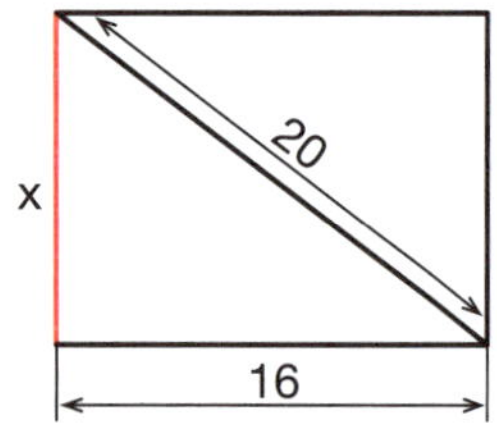

b)

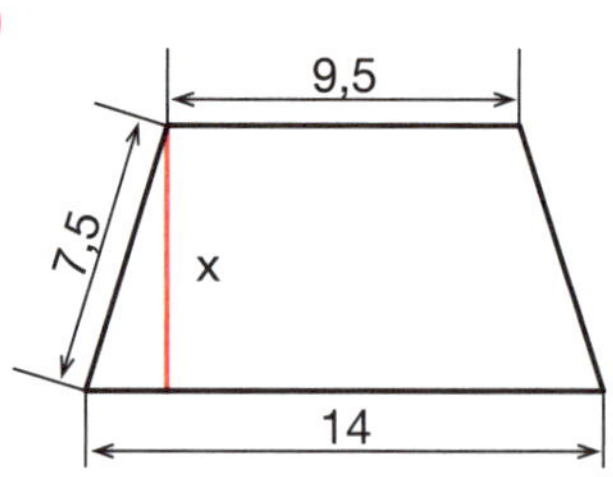

c)

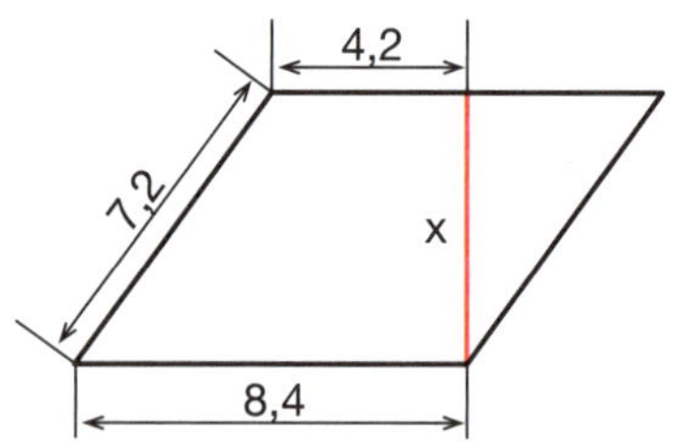

a) x = ____________

b) x = ____________

c) x = ____________

Kreise berechnen

1 Berechne mit der π-Taste. Vervollständige die Tabelle.

a)

r	4 cm	3,5 cm	
u			31,42 m
A			

b)

d	9 cm	7,4 cm	
u			37,70 m
A			

2 Berechne den Flächeninhalt der roten Kreisausschnitte.

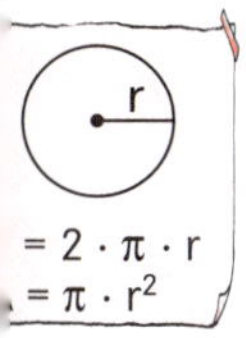

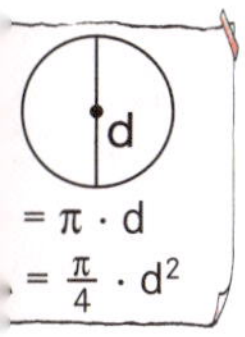

a)

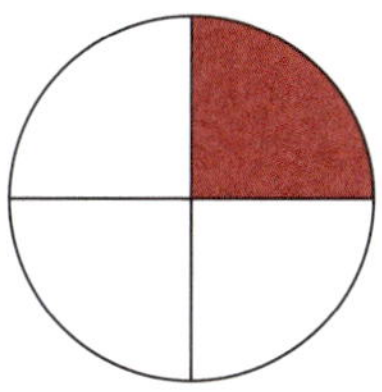

$r = 3{,}5$ cm

A = ________

b)

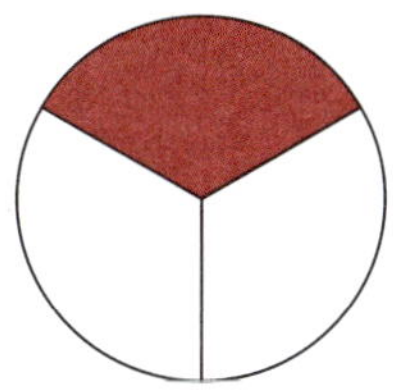

$r = 6{,}3$ cm

A = ________

c)

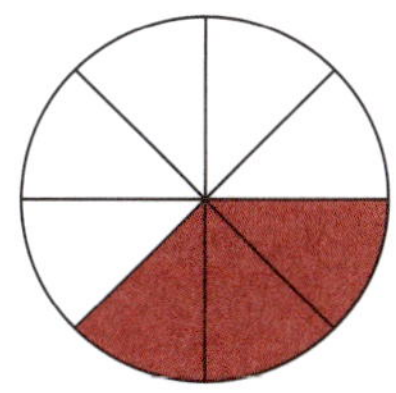

$r = 4{,}2$ cm

A = ________

d)

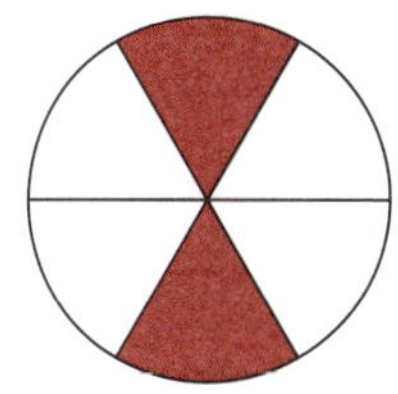

$d = 9{,}8$ m

A = ________

3 Berechne den Radius r der Kreise mit dem Flächeninhalt A.

$A = 153{,}94\ m^2$
153.94 [÷] π [=] [√] 7.00

a) $A = 78{,}50\ m^2$ r = ________

b) $A = 452{,}39\ m^2$ r = ________

c) $A = 7{,}07\ m^2$ r = ________

4 Berechne den Flächeninhalt und den Umfang der Figuren.

a)

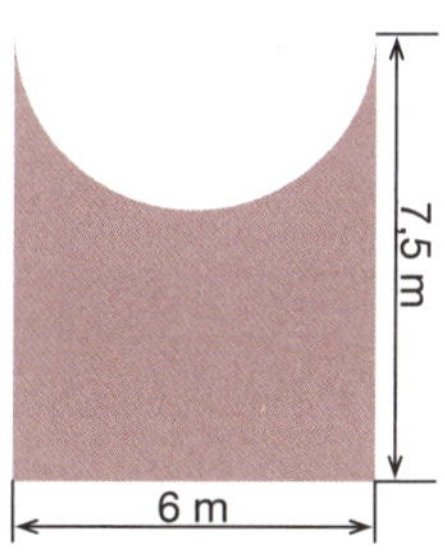

A = ____________

u = ____________

b)

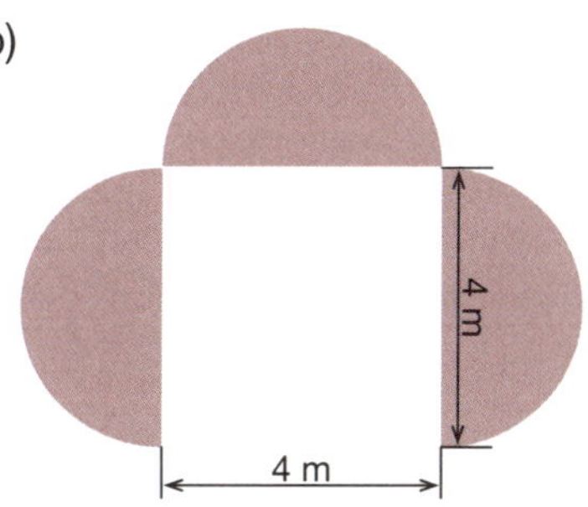

A = ____________

u = ____________

c)

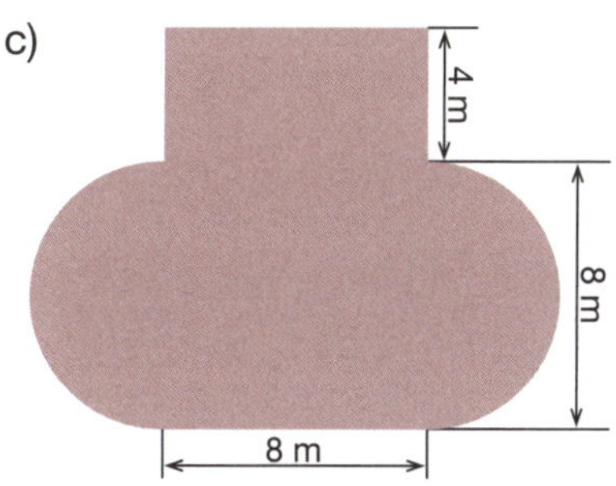

A = ____________

u = ____________

Erschließung eines Wohngebietes

1

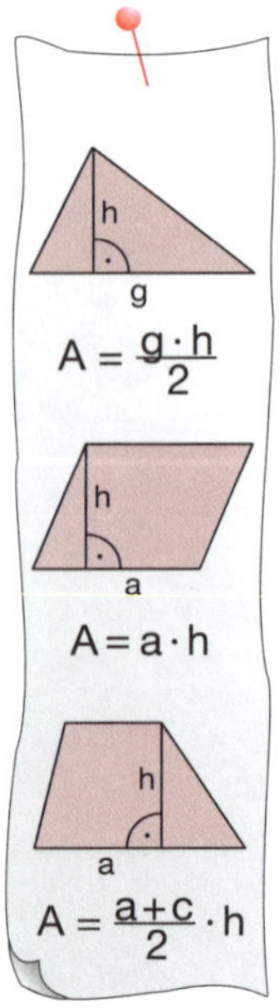

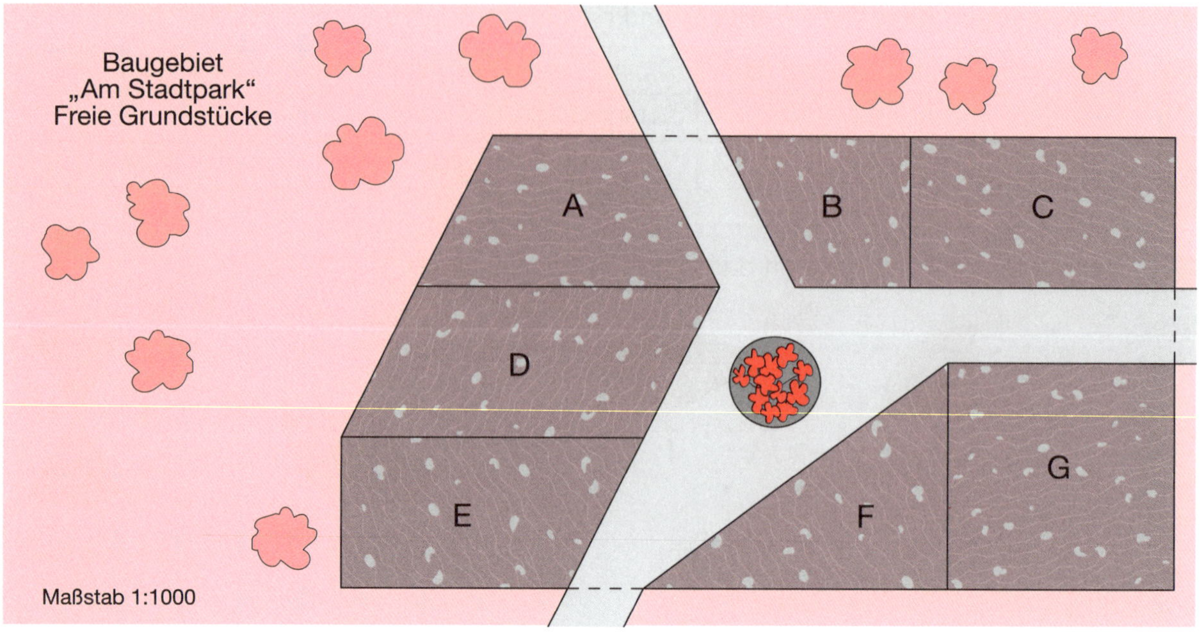

Wie groß ist die Gesamtfläche des Baugebietes? ______________________________

2 Berechne die Flächen der einzelnen Grundstücke A bis G.

a) Miss alle benötigten Strecken und zeichne Hilfslinien ein, wenn es nötig ist.

b) Gib die Flächen in Quadratmetern an.

A: __________ B: __________ C: __________ D: __________

E: __________ F: __________ G: __________

3 Berechne die Gesamtfläche aller Grundstücke. ______________________________

4 a) Wie groß ist die bepflanzte Kreisfläche? ______________________________

b) Wie groß ist die Verkehrsfläche? ______________________________

5 Berechne den Anteil der Verkehrsfläche an der Gesamtfläche in Prozent.

____

Mach dich fit!

Test 1

1 Vervollständige. Gib den Maßstab an.

a)

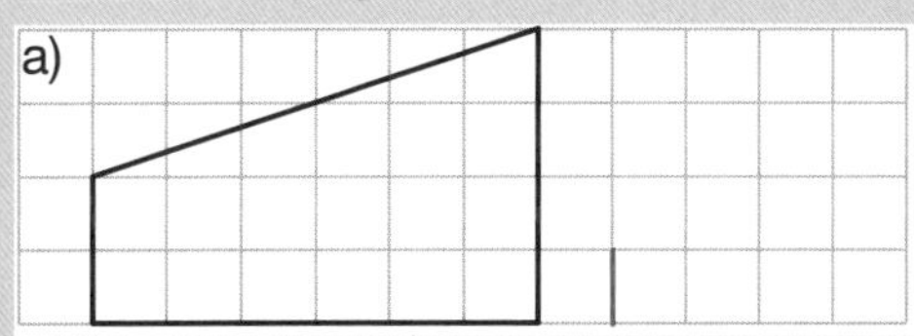

Maßstab: ____________

b)

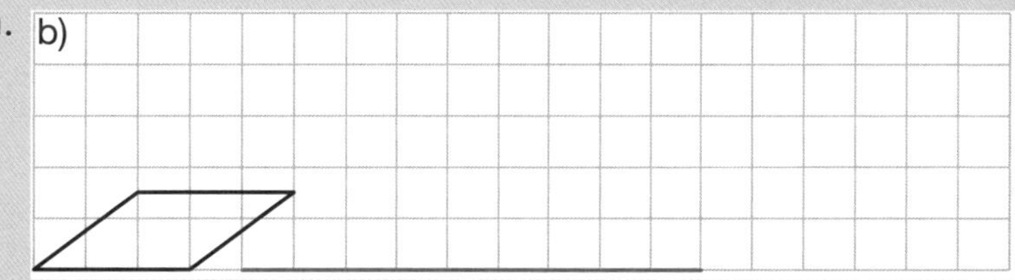

Maßstab: ____________

2 Konstruiere nach der Planfigur.

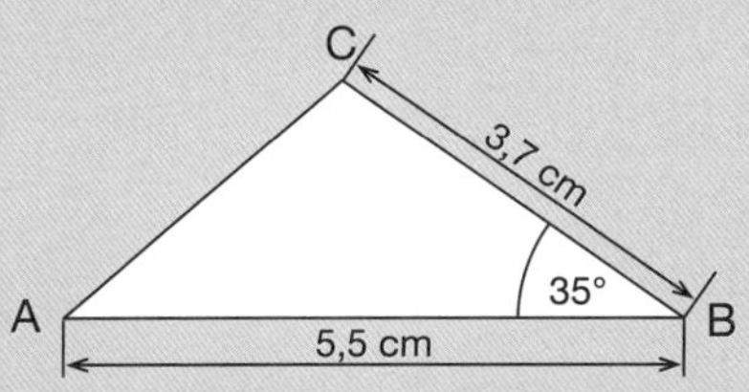

3 a) Berechne die fehlende Seite im rechtwinkligen Dreieck mit dem Winkel $\gamma = 90°$.

a	3 cm	4,8 cm	4,5 cm
b	5 cm	1,4 cm	
c			7,5 cm

b) Wie weit steht die Leiter von der Wand ab?

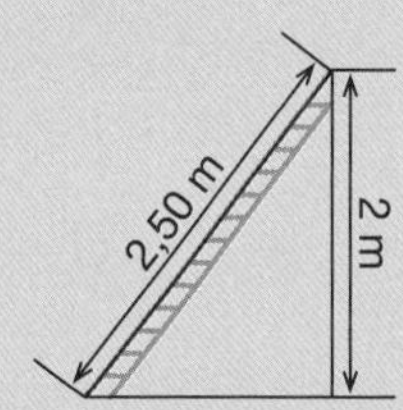

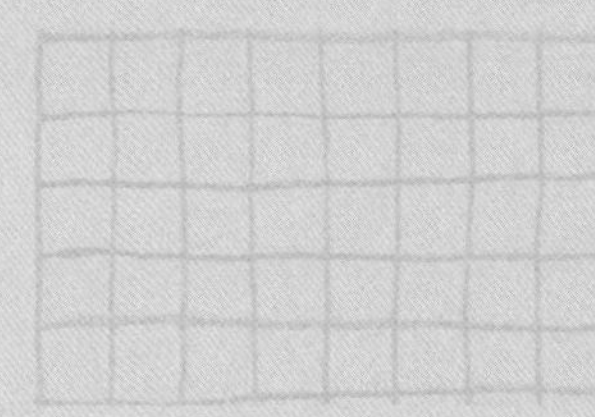

Test 2

1 Welche Seitenlängen haben die Figuren in Wirklichkeit? Schreibe sie an die Seiten.

a)

Maßstab 1:200

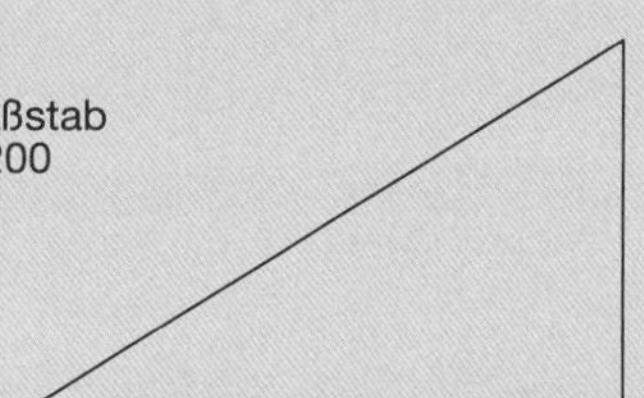

b)

Maßstab 5:1

2 Konstruiere nach der Planfigur.

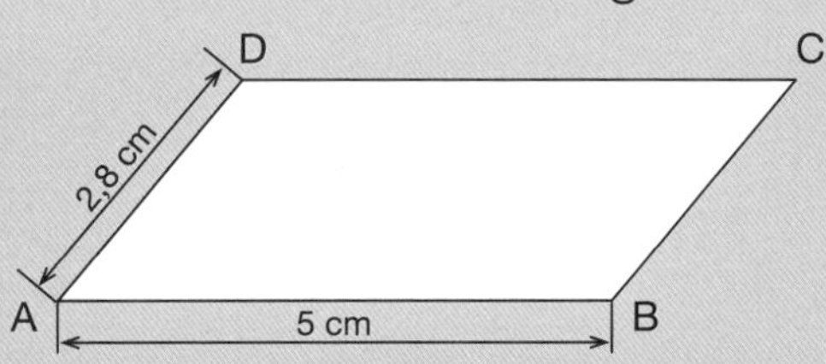

3 Berechne die fehlenden Werte der Kreise. Trage in die Tabelle ein.

Radius r	3,50 m			
Durchmesser d		54 mm		
Umfang u			25 cm	
Flächeninhalt A				154 m^2

Grundaufgaben der Prozentrechnung

1

Prozentwert berechnen

$P = \frac{G \cdot p}{100}$

a) In einer Kinovorstellung sind 85 % von 480 Plätzen besetzt. Wie viele Besucher sehen den Film?

100 % ≙ 480 Plätze

: 100

1 % ≙

· 85

85 % ≙

b) Von über 1250 überprüften Fernsehern haben 6 % Mängel in der Farbe. Wie viele Geräte sind das?

2

Grundwert berechnen

$G = \frac{P \cdot 100}{p}$

a) Beim Besuch einer Ausstellung kaufen 210 Personen einen Katalog. Das sind 75 %. Wie viele Besucher hat die Ausstellung?

75 % ≙ 210

: 75

1 % ≙

· 100

100 % ≙

b) Eine Schulklasse macht bei einer Wanderung nach 4,200 km eine Rast. Das entspricht 35 % der Strecke. Wie lang ist der Wanderweg?

3

Prozentsatz berechnen

$p = \frac{P \cdot 100}{G}$

a) In einer Firma sind bei einer Grippewelle 84 von 560 Mitarbeitern krank. Berechne den Prozentsatz.

560 ≙ 100 %

: 560

1 ≙

· 84

84 ≙

b) Alice bekommt einen mit 28 € ausgezeichneten Pullover 7 € billiger. Wie viel Prozent sind das?

4 Berechne die fehlenden Werte und trage sie in die Tabelle ein.

a)

Grundwert	580 €	860 m			480 €	84 kg
Prozentsatz	25 %	15 %	5 %	7 %		
Prozentwert			12 €	84 m	24 €	63 kg

b)

Grundwert	480 g		45 €	3,50 €		1250 g
Prozentsatz	7,5 %	18 %		12 %	3,5 %	
Prozentwert		29,70 €	7,20 €		560 m	550 g

5 500 g Salami enthalten 85 g Eiweiß und 235 g Fett. Berechne jeweils den Prozentsatz.

6 Bei der Klassensprecherwahl hat Pia 21 Stimmen bekommen. Das sind 75% aller Stimmen. Wie viele Schülerinnen und Schüler sind in der Klasse?

Grundaufgaben der Prozentrechnung

1 Trage die beiden gegebenen Werte in die Tabelle ein. Berechne den fehlenden Wert.

a) Von 840 Schülerinnen und Schülern einer Schule sind 294 in einem Sportverein.
b) In einer anderen Schule sind 32% von 850 Schülerinnen und Schülern in einem Sportverein.
c) Bei einer Fahrradprüfung hatten 42 Räder Mängel. Das waren 12%.
d) Von einer Urlaubsreise für 750 € entfielen 18% auf die Fahrtkosten.
e) In einem Hotel sind 156 Zimmer belegt. Das sind 65% aller Zimmer.
f) 5000 ml eines Saftgetränkes enthalten 1650 ml Wasser.

G	p%	P

2 In einer Schule nehmen 360 Schülerinnen und Schüler an einer Arbeitsgemeinschaft teil.

______	______	72	126	______
15%	25%	______	______	______

3

a) Während einer Sportübertragung von 120 Minuten werden 21 min Werbung eingeblendet. Das entspricht

______ % der Sendezeit.

b) Ein 6400 m^2 großer Park besteht zu 62,5% aus Rasen. Wie groß ist die Rasenfläche?

______

c) Bei einem Waldbrand werden 36 ha Baumbestand zerstört. Das sind 12,5% des Waldes. Die Gesamtfläche beträgt

______ ha.

d) Für ein Grillfest werden 250 Bratwürste eingekauft. 180 davon werden gegessen. Wie viel Prozent blieben übrig?

______

e) Eine Aktie im Wert von 38,50 € fällt in einer Woche um 8%. Wie viel Euro ist sie danach noch wert?

______

f) Auf einer Rechnung werden 16% Mehrwertsteuer mit 72,72 € ausgewiesen. Wie hoch ist der Rechnungsbetrag?

______

Schaubilder auswerten

1

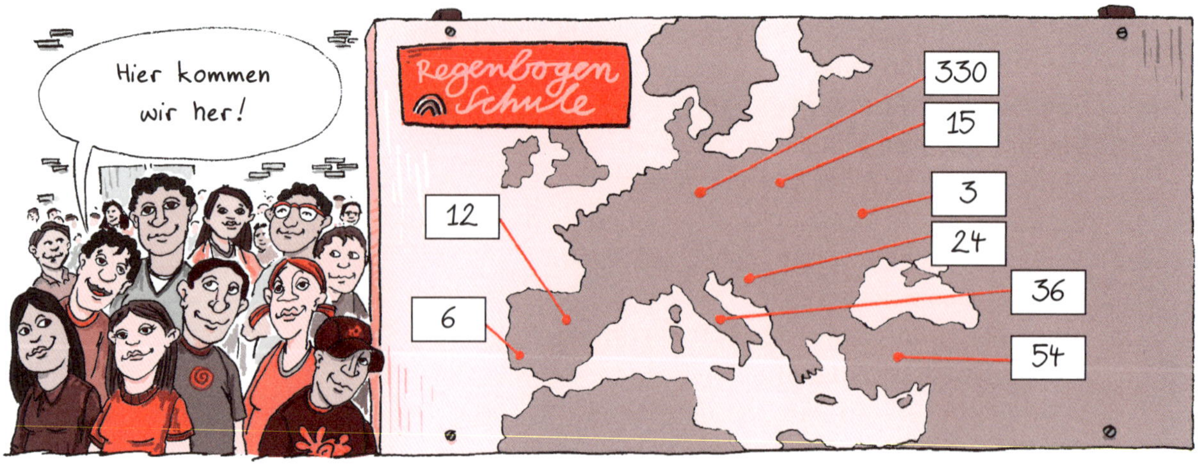

In der „Regenbogen"-Schule werden acht Nationen unterrichtet.

a) Wie viele Schülerinnen und Schüler hat die Schule? ____________

b) Berechne den Anteil der einzelnen Nationalitäten in Prozent.

Deutschland	Polen	Portugal	Kroatien	Türkei	Italien	Spanien	Ukraine
%							

2

Berechne jeweils die Mengen der Inhaltsstoffe und trage sie in das entsprechende Kreisdiagramm ein.

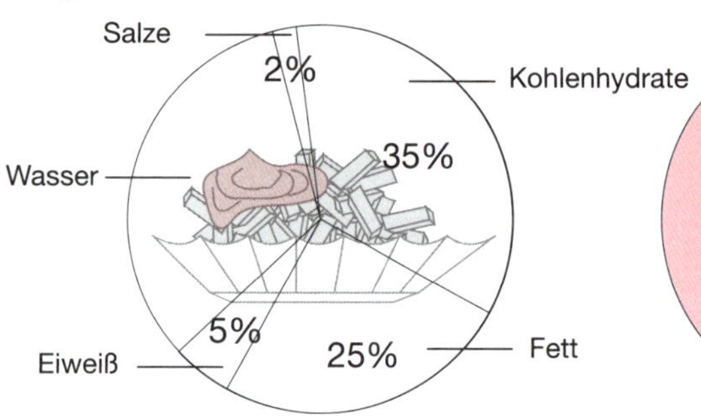

Prozentsätze

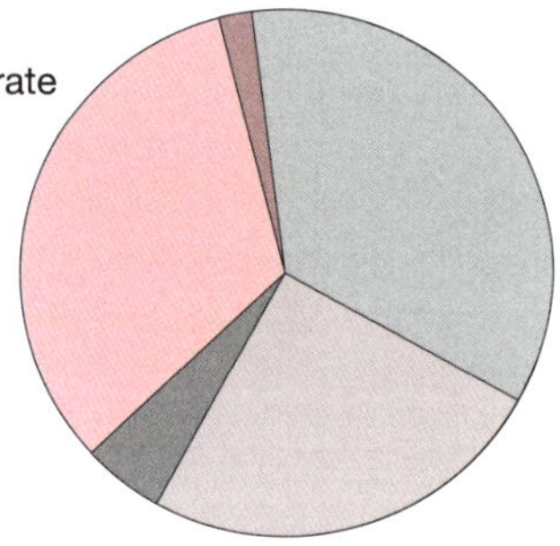

250-g-Portion

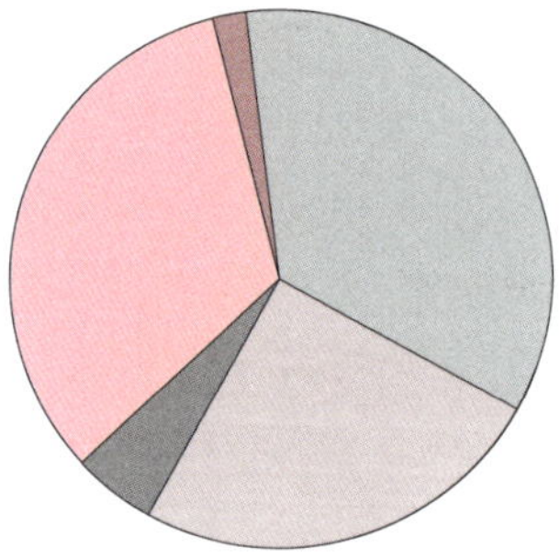

600-g-Portion

3

Der Wasserverbrauch der 81 Millionen Bundesbürger beträgt jährlich 4200 Millionen m^3. Das Streifendiagramm zeigt die Verteilung der Verbrauchsarten (1 mm ≙ 30 Millionen m^3).

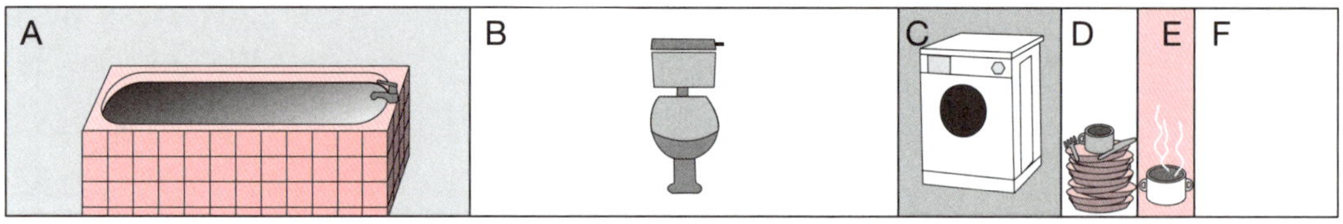

a) Bestimme die Menge der einzelnen Verbrauchsarten durch Messen. Trage in die Tabelle ein.

	Körperpflege	Toilette	Wäsche	Geschirr	Kochen	Sonstiges
m^3 in Mio						
Prozent						

b) Berechne die Prozentsätze und trage sie in die Tabelle ein.

c) Wie viel Liter Wasser verbrauchte ein Bundesbürger pro Tag?

Rabatt, Aufpreis und Mehrwertsteuer

1

a) Wie viel Euro haben das Schützerset und das Skateboard vorher gekostet?

____

b) Berechne den ermäßigten Preis für die Rampe und den Helm.

____

2 Adrian kauft ein Board, einen Helm und ein Schützerset. Farah braucht nur einen Helm, Ruslan ein Schützerset. Zusammen kaufen sie eine Fun-Ramp.

a) Gesamtbetrag: ______________ b) Ersparnis: ______________

c) Wie viel Euro muss jeder von ihnen bezahlen? Wie viel Prozent vom Gesamtpreis sind das?

Adrian: ____________ Farah: ____________ Ruslan: ____________

d) Im Gesamtpreis sind 16 % Mehrwertsteuer enthalten. Wie viel Euro beträgt die Mehrwertsteuer?

3

Wie viel Prozent beträgt der Rabatt?

Inline-Skates: ______________________________

Eishockeyschuh: ______________________________

4 Eishockeyschuhe gibt es mit Tasche und Schoner zum Aufpreis von 15 %. Berechne den Gesamtpreis für den ursprünglichen und den ermäßigten Preis.

____

Promille

1 Für die Vermittlung einer Lebensversicherung über 15 000 € erhält Frau Menner eine Werbeprämie von 3 ‰ der Versicherungssumme. Wie viel Euro bekommt Frau Menner?

$1‰ \mathrel{\hat{=}} \frac{1}{1000}$

$1\% \mathrel{\hat{=}} \frac{1}{100}$

$1\% \mathrel{\hat{=}} 10‰$

Dreisatz

	1 0 0 0 ‰ ≙ 1 5 0 0 0 €
: 1000	1 ‰ ≙
· 3	3 ‰ ≙

Formel

Ersetze 100 durch 1000:

$$P = \frac{G \cdot p}{1000}$$

$$P = \frac{15\,000 \cdot 3}{1000} =$$

2 Berechne die Promillewerte.

a)

3 ‰ von 7500 € = ________

4 ‰ von 18 600 € = ________

2,5 ‰ von 45 800 € = ________

b)

17 ‰ von 840 g = ________

12 ‰ von 720 ml = ________

8,5 ‰ von 3,600 km = ________

3 Berechne die fehlenden Werte.

Grundwert	8500 €	3400 m	960 ml			25 000 €
Promillesatz	7 ‰	18 ‰	2,5 ‰	8 ‰	15 ‰	
Promillewert				685 €	345 g	350 €

4
a) Der Versicherungskaufmann Meier erhält für den Abschluss einer Lebensversicherung über 35 000 € eine Abschlussgebühr von 24 ‰ der Versicherungssumme.
Die Abschlussgebühr beträgt ____________ Euro.
b) Frau Bauer hat bei einem Kunden eine Lebensversicherung über 42 500 € abgeschlossen. Sie erhält eine Abschlussgebühr von 25 ‰.
Frau Bauer bekommt ____________ Euro Abschlussgebühr.

5

a) Wie viel Milligramm Vitamin E sind in der Dose Distelöl enthalten?

____

b) Wie viel Promille Vitamin C enthält die Brombeermarmelade?

____

MACH DICH FIT!

Test 1

1 Berechne die fehlenden Werte und trage sie ein.

Grundwert	840 €	1200 m		49,80 €
Prozentsatz	15 %		6 %	4,5 %
Prozentwert		114 m	2,700 kg	

2 a) Helga kauft eine Jeans mit 15 % Rabatt auf den Preis von 28,50 €.

Wie viel Euro muss sie bezahlen? ______________________

b) Im Preis von 208,80 € für einen DVD-Player sind 16 % Mehrwertsteuer enthalten.

Wie hoch ist die Mehrwertsteuer? ______________________

c) Kemal zahlt nach Abzug von 8 % Preisnachlass 44,16 € für ein Paar Schuhe.

Wie hoch war der ursprüngliche Preis? ______________________

3 Bei einer Verkehrszählung wurden 250 Fahrzeuge gezählt.

Bestimme durch Messen die Prozentsätze und berechne die Anzahlen.

____

Test 2

1 a) In einem Lokal sind 18 Tische besetzt. Das sind 75 %. Wie viele Tische hat das Lokal?

____

b) Bei einer Verkehrskontrolle hatten 35 % von 380 Fahrzeugen Mängel. Wie viele waren das?

____

c) 250 g Müsli enthalten 40 g Rosinen. Wie viel Prozent? ______________________

2 Ergänze die Tabellen.

a)

Preis	96 €	250 €	120 €
Rabatt (%)	25%		
Rabatt (€)		20 €	
Erm. Preis			102 €

b)

Preis	280 €	
16 % MwSt.		24 €
Preis mit MwSt.		

3 a) Berechne 6 ‰ von 850 g. ______________________

b) Wie viel Promille sind 18 € von 3000 €? ______________________

c) 0,5 ‰ = 8 ml. Berechne den Grundwert. ______________________

Grundaufgaben der Zinsrechnung

1

Zinsen berechnen

$$Z = \frac{K \cdot p}{100}$$

a) Eine Spareinlage von 840 € wird mit 2,5 % verzinst. Wie viel Euro Zinsen sind das im Jahr?

100 % ≙ 840 €

1 % ≙

2,5 % ≙

b) Für einen Kredit von 1800 € müssen 9,5 % Zinsen gezahlt werden. Wie viel Euro Jahreszinsen sind das?

2

Kapital berechnen

$$K = \frac{Z \cdot 100}{p}$$

a) Auf einem Sparbuch wurden nach einem Jahr 29,40 € Zinsen bei einem Zinssatz von 3 % gutgeschrieben. Wie viel Euro waren auf dem Sparbuch?

3 % ≙ 29,40 €

1 % ≙

100 % ≙

b) Ein Darlehen wird mit 8,5 % verzinst. Nach einem Jahr müssen 204 € Zinsen gezahlt werden. Wie hoch ist das Darlehen?

3

Zinssatz berechnen

$$p = \frac{Z \cdot 100}{K}$$

a) Für den Kredit eines Unternehmens über 45 000 € fallen nach einem Jahr 3825 € Zinsen an. Wie hoch ist der Zinssatz?

45000 € ≙ 100 %

1 € ≙

3825 € ≙

b) Für eine Geldanlage von 3500 € erhält Frau Bergerup 131,25 € Zinsen nach einem Jahr. Wie hoch ist der Zinssatz?

4

Berechne die fehlenden Werte und trage sie in die Tabelle ein.

a)

Kapital	950 €	2348 €			650 €	840 €
Zinssatz	3,5 %	0,5 %	4,0 %	6,0 %		
Jahreszinsen			21,80 €	41,04 €	16,25 €	29,40 €

b)

Kapital	64,75 €	89,73 €			120,50 €	642,40 €
Zinssatz	3,0 %	2,5 %	0,5 %	8,5 %		
Jahreszinsen			12,90 €	212,50 €	2,41 €	32,12 €

5

Lea hat 625 € auf ihrem Sparbuch. Am Jahresende lässt sie die Zinsen eintragen. Ihr werden 18,75 € gutgeschrieben. Wie hoch ist der Zinssatz? ______________________

6

Bei einem Zinssatz von 8,5 % muss eine Firma jährlich 11 475 € Zinsen zahlen. Wie hoch ist der Kredit? ______________________

Grundaufgaben der Zinsrechnung

1 Trage die beiden Werte in die Tabelle ein. Berechne den fehlenden Wert.

a) Marion zahlt nach einem Jahr 8,5 % Zinsen für eine geliehene Summe von 250 €.
b) Herr Mecik erhält für eine Spareinlage von 1850 € nach einem Jahr 46,25 € Zinsen.
c) Frau Nagel zahlt für einen Kredit 315 € Jahreszinsen bei einem Zinssatz von 9 %.
d) Für ein Firmendarlehen von 24 000 € fallen nach einem Jahr 2100 € Zinsen an.
e) Auf Pablos Sparbuch werden 378 € mit 2,5 % verzinst.
d) Auf Elkes Sparbuch fallen 12,15 € Jahreszinsen an. Der Zinssatz beträgt 3 %.

Kapital	Zinssatz	Jahreszinsen

2 Vergleiche die Angebote. Welcher Betrag muss jeweils nach einem Jahr zurückgezahlt werden?

a) 

Rückzahlung: ____________________

b) 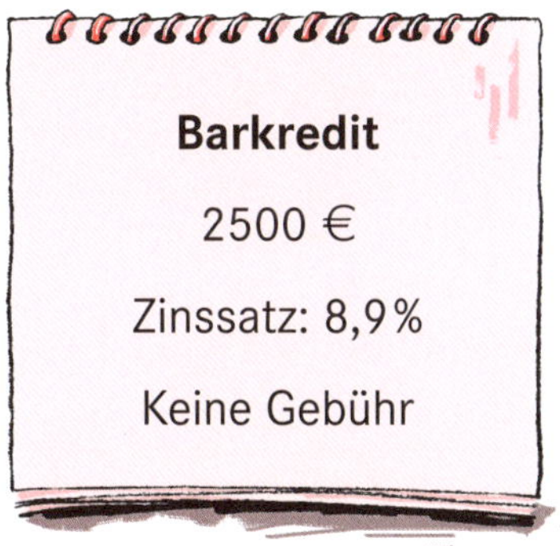

Rückzahlung: ____________________

c) 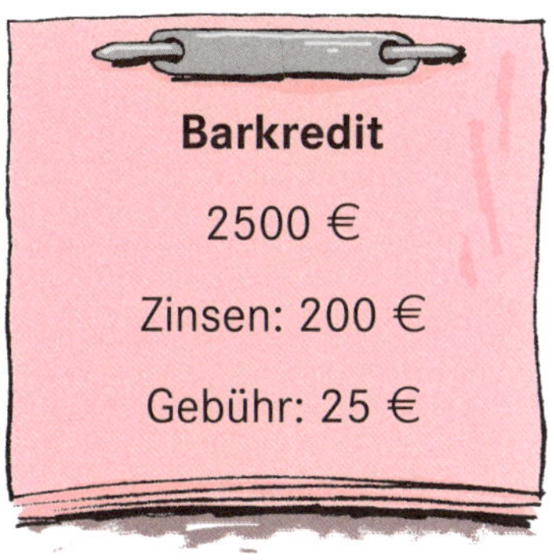

Rückzahlung: ____________________

3 Eine Bank bietet folgende Sparform mit einer 4-jährigen Laufzeit an: Ein Betrag wird eingezahlt. Die Zinsen werden jeweils am Ende eines Jahres dem Kapital hinzugefügt. Im nächsten Jahr wird dann dieses neue Kapital mit einem höheren Zinssatz verzinst.
Frau Zador zahlt 6000 € ein.

Nach vier Jahren kann sie insgesamt mit __________ Euro rechnen.

6000,00	1. Jahr 2,0 % →		2. Jahr 2,5 % →		3. Jahr 3,5 % →		4. Jahr 5,0 % →	

Tages- und Monatszinsen

1 Das Girokonto von Herrn Wecker war für 24 Tage um 645 € überzogen. Der Zinssatz für diesen Dispositionskredit betrug 13%. Wie viel Euro Zinsen werden berechnet?

Dreisatz

1. Schritt: Jahreszinsen berechnen

100 % ≙ 645 €

1 % ≙

13 % ≙

2. Schritt: Tageszinsen berechnen

360 Tage ≙

1 Tag ≙

24 Tage ≙

Formel

$Z = \frac{K \cdot p \cdot t}{100 \cdot 360}$ Gegeben: K = ________; p = ________; t = ________

Einsetzen: $Z = \frac{}{100 \cdot 360}$ =

2 Berechne die Zinsen.

Kapital	1500 €	900 €	2500 €	1750 €	4920 €
Zinssatz	8%	5%	4%	6%	4,5%
Zeit	12 Tage	24 Tage	90 Tage	4 Monate	9 Monate
Zinsen					

3 Das Guthaben auf dem Girokonto von Frau Dahme wird mit einem Zinssatz von 0,5% verzinst. Berechne jeweils die Tageszinsen. Runde auf zwei Dezimalstellen.

Wie viel Euro Zinsen werden ihr insgesamt gutgeschrieben? ________________

Kontostand	1618 €	1346 €	1452 €	1920 €
Zeitdauer	18 Tage	36 Tage	45 Tage	42 Tage
Tageszinsen				

4

Sarah nimmt Sentas Angebot an.

a) Wie viel Euro Zinsen sind das im Jahr (360 Tage)?

____

b) Wie hoch ist der Zinssatz?

____

Zinseszinsen

1

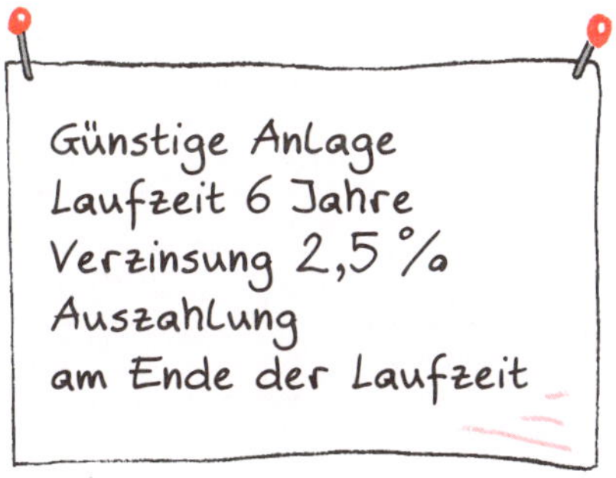

Jahre	Kapital am Jahresanfang	2,5 % Zuwachs Jahreszinsen	Kapital am Jahresende
1	4000,00 €	100,00 €	4100,00 €
2	4100,00 €		
3			
4			
5			
6			

Herr Jahn hat 4000 € angelegt.

a) Vervollständige die Tabelle.

b) Wie viel Euro Zinseszinsen sind nach 6 Jahren angefallen?

Die Zinseszinsen betragen ____________ Euro.

2 Berechne das Endkapital mit Zinseszinsen.

	a)	b)	c)	d)
Anfangskapital	3000 €	2500 €	5000 €	25 000 €
Zinssatz	4 %	3,5 %	4,5 %	6,25 %
Laufzeit	3 Jahre	4 Jahre	5 Jahre	10 Jahre
Endkapital				

3

Frau Albus, Herr Beier und Frau Cegori legen jeder 5000 € für einen Zeitraum von 4 Jahren bei einem Zinssatz von 3 % an.
Wie viel Euro Zinsen bzw. Zinseszinsen erhält jeder von ihnen nach vier Jahren insgesamt?

Frau Albus ____________________

Herr Beier ____________________

Frau Cegori ____________________

MACH DICH FIT!

Test 1

1 Berechne die fehlenden Werte und trage sie ein.

Kapital	1250 €	3600 €		895,40 €
Zinssatz	2,5 %		0,5 %	1,5 %
Jahreszinsen		54 €	21 €	

2 a) Maria hat mit ihren Geldgeschenken von 780 € ein Sparkonto eröffnet. Nach einem Jahr beträgt der Kontostand 801,45 €. Wie hoch war der Zinssatz?

____

b) Herr Sartori bekommt einen Kredit von 1500 € zu einem Zinssatz von 9,2 %. Er zahlt den Kreditbetrag nach acht Monaten zurück. Wie viel Euro muss er insgesamt zahlen?

____

c) Frau Miletic hat ihr Girokonto für 28 Tage um 240 € überzogen. Der Zinssatz für diesen Dispositionskredit beträgt 13,5 %. Wie viel Zinsen werden berechnet?

____

3 Herr Monti legt einen Lotteriegewinn von 8000 € zu einem Zinssatz von 2,5 % an. Die Laufzeit beträgt vier Jahre. Wie viel Euro Zinseszinsen erhält er?

____

Test 2

1 a) Clara zahlt für einen geliehenen Betrag von 180 € nach einem Jahr 15,30 € Zinsen.

Wie hoch war der Zinssatz? ____________________

b) Bei einem Zinssatz von 2,5 % erhält Herr Jonkey nach einem Jahr 16,25 % Zinsen.

Wie hoch war das Kapital? ____________________

c) Für einen Firmenkredit von 36 000 € werden nach einem Jahr 9,5 % Zinsen fällig.

Wie viel Euro sind das? ____________________

2 Ergänze die Tabelle.

Kapital	1080 €	3000 €	1440 €	5000 €
Zinssatz	3 %	9 %	0,5 %	2 %
Zeit	4 Monate	10 Monate	100 Tage	
Zinsen				50 €

3 Ein Kapital von 20 000 € wird zu einem Zinssatz von 2,5 % für drei Jahre angelegt.

a) Berechne die Zinseszinsen. ____________________

b) Wie viel Euro Zinsen wären es, wenn sie jedes Jahr abgehoben würden?

____

Rationale Zahlen addieren und subtrahieren

1 Schreibe jeweils eine Aufgabe wie im Beispiel und berechne den neuen Kontostand.

Alter Kontostand:	+249 €	Alter Kontostand:	−173 €	Alter Kontostand:	−94 €
Lastschrift:	563 €	Gutschrift:	345 €	Lastschrift:	137 €
Neuer Kontostand:		Neuer Kontostand:		Neuer Kontostand:	

(+249) + (−563) = ______ ______ ______

2 a)

+	+ 37	−41	− 160	+82
− 16				
− 115				
+80				

b)

+	$-\frac{1}{2}$	$+\frac{3}{4}$	$-\frac{1}{8}$	$-\frac{1}{4}$
$-\frac{1}{2}$				
$+\frac{1}{4}$				
$-\frac{3}{8}$				

3 Addiere die Zahlen zu der Zahl in der Mitte.

a)

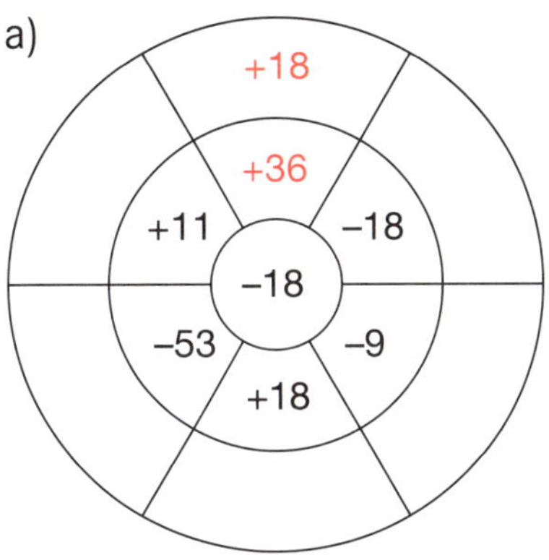

b)

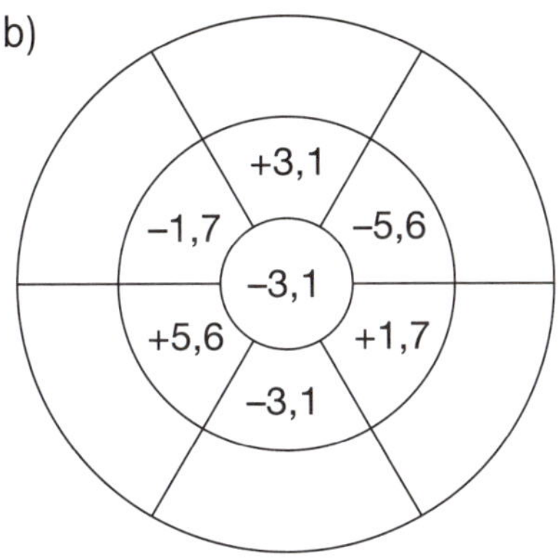

c)

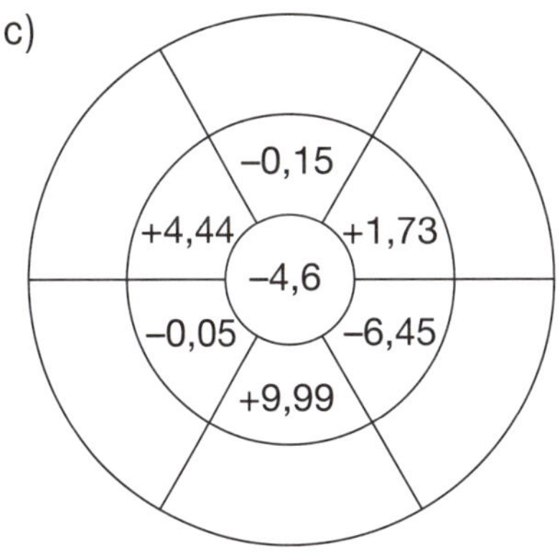

4 Berechne. Addiere die Gegenzahl oder schreibe ohne Klammer.

(− 15) − (− 21) = (− 15) + (+21) = +6   (− 11) − (+4) = − 11 − 4 = − 15

a) (−27) − (−39) = ______
(−84) − (+71) = ______
(+56) − (+56) = ______

b) (+7,3) − (−9,1) = ______
(+6,9) − (+3,7) = ______
(− 15,1) − (−8,4)= ______

5 Vervollständige die Subtraktionstürme. Subtrahiere die rechte von der linken Zahl.

a)

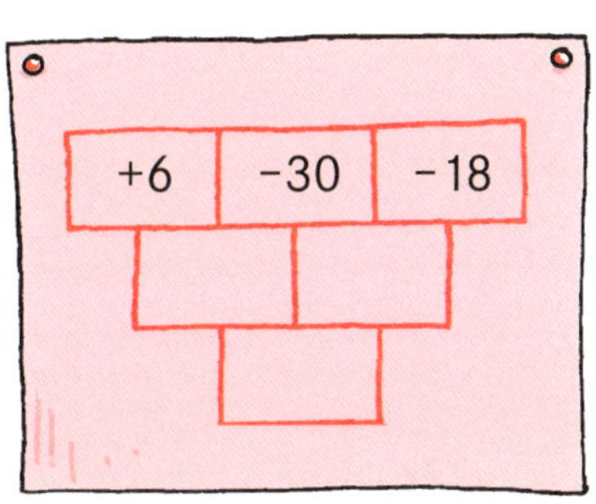

b)

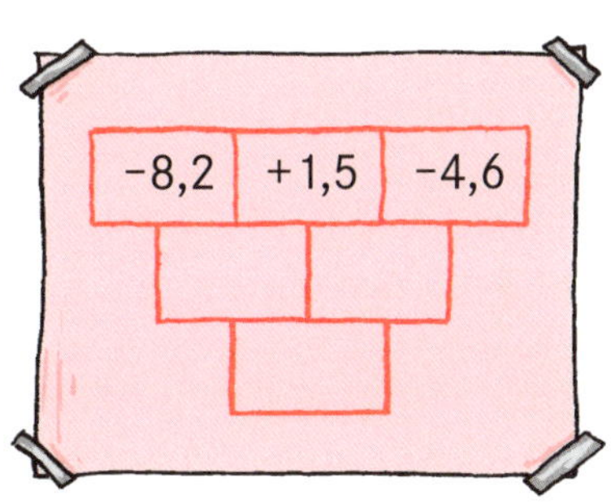

c)

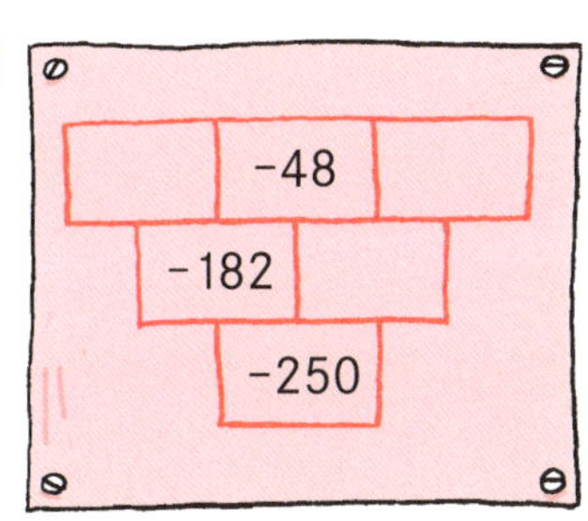

6 Subtrahiere immer wieder (−2,7).

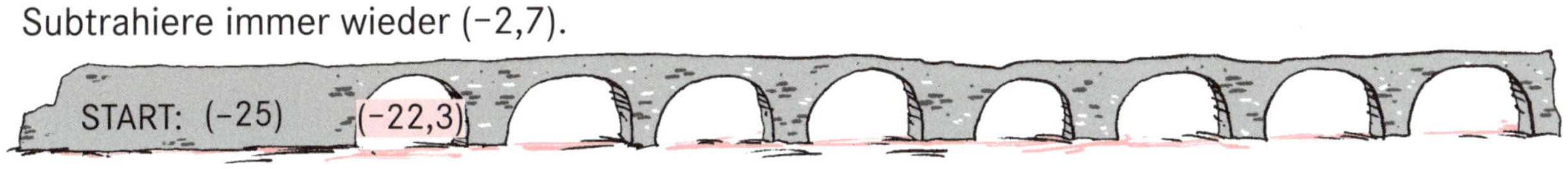

Rationale Zahlen addieren und subtrahieren

1 Schreibe in das obere Feld die Summe, in das untere Feld die Differenz der beiden Zahlen. Subtrahiere die rechte von der linken Zahl.

	Beispiel		a)		b)		c)		d)		e)	
Summe	−36											
Zahlen	(−12)	(−24)	(+64)	(−36)	(−43)	(+27)	(+25)	(−50)	(−15)	(+30)	(−37)	(−13)
Differenz	+12											

2 Ergänze die fehlenden Zahlen.

a)

(−25)	+	☐	=	(−55)
−		+		−
☐	−	☐	=	☐
=		=		=
☐	+	(+120)	=	(+165)

b)

(+32)	−	☐	=	☐
+		−		+
☐	+	(+64)	=	☐
=		=		=
(−71)	−	☐	=	(+18)

3 Schreibe ohne Klammer und berechne.

a) (−17) + (−11) = ______

(+13) + (−21) = ______

(−5,7) + (+2,8) = ______

b) (−47) − (−23) = ______

(−32) − (+28) = ______

(+18,8) − (−14,2) = ______

4 a) −26 − 34 = ______

+23 − 58 = ______

−19,1 + 7,3 = ______

b) −31 − 16 − 49 = ______

45 − 67 + 25 = ______

−34,3 + 21,5 − 55,7 = ______

5 Berechne die Zielzahl für die verschiedenen Wege.

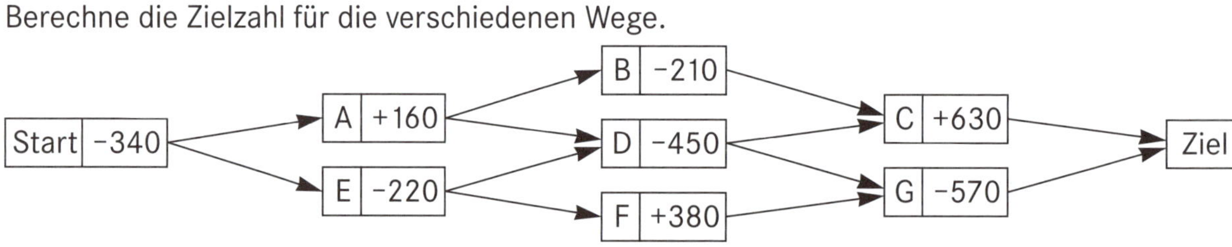

ABC ______ ADC ______ ADG ______ EFG ______ EDG ______ EDC ______

6 Frau Apel hat ihr Konto um 345,82 € überzogen. Dann wurden folgende Beträge gebucht: Autoreparatur 229,27 €, Gehalt 1971,43 €, Miete 529,50 €, Steuerrückzahlung 354,66 €, EC-Karte Schuhgeschäft 87,50 €. Berechne den neuen Kontostand.

______

Rationale Zahlen multiplizieren

1 Wie viel Euro werden Frau Rose in einem Jahr für die Garagenmiete abgebucht? Ergänze das Pfeilbild und schreibe eine Aufgabe.

Dauerauftrag	
Name: Rose	Vorname: Claudia
Betrag: 50 €	fällig: zum 01. d. M.
von Konto: 345 678	auf Konto: 123 456

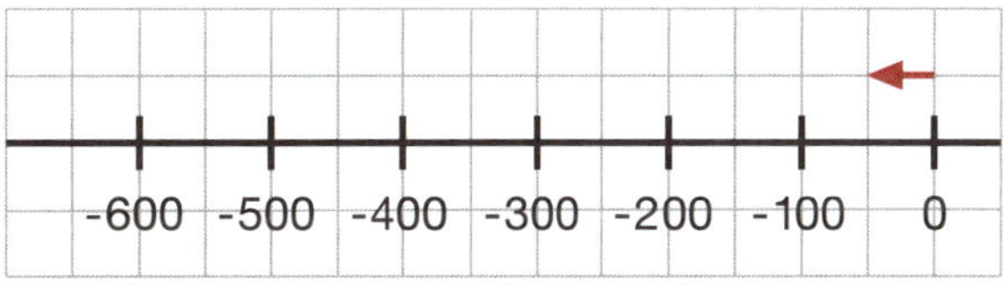

2

us mal minus
ich plus ...

a) $8 \cdot (+14) =$ ______ $10 \cdot (-38) =$ ______

b) $(-3{,}4) \cdot 4 =$ ______ $20 \cdot (+2{,}7) =$ ______

c) $3 \cdot \left(-\frac{3}{10}\right) =$ ______ $\left(-\frac{3}{4}\right) \cdot 8 =$ ______

3 Fülle die Tabelle aus. Kreise die negativen Ergebnisse rot ein.

us mal plus
ich minus ...

·	(+3)	(+2)	(+1)	0	(−1)	(−2)	(−3)	(−4)	(−5)	(−6)
(+9)										
(−12)										

4 Multipliziere jeweils die Zahlen in den Nachbarfeldern und trage das Ergebnis rechts davon ein.

a)

(+2)	(−3)	(−6)		

b)

(−36)	(+0,5)			

c)

(−8)	(−0,5)			

d)

			(+45)	(−135)

5

a) $(+0{,}4) \cdot (-1{,}6) =$ ______
$(-4{,}5) \cdot (-0{,}8) =$ ______
$(+0{,}6) \cdot (+2{,}5) =$ ______

b) $(-0{,}7) \cdot (+0{,}9) =$ ______
$(+0{,}4) \cdot (-0{,}1) =$ ______
$(-0{,}7) \cdot (-0{,}7) =$ ______

c) $\left(-\frac{5}{6}\right) \cdot \left(-\frac{1}{6}\right) =$ ______
$\left(+\frac{1}{3}\right) \cdot \left(-\frac{1}{3}\right) =$ ______
$\left(-\frac{4}{5}\right) \cdot \left(+\frac{5}{8}\right) =$ ______

6 Kleiner(<), größer (>) oder gleich (=)? Rechne wie im Beispiel.

Beispiel: $(-7) \cdot (+12)$ ☐ $(+6) \cdot (-15)$
$(-84) > (-90)$

a) $(+16) \cdot (-7)$ ☐ $(+6) \cdot (-17)$
______

b) $(-16) \cdot (-0{,}3)$ ☐ $(+12) \cdot (-0{,}4)$
______

7

a) $(+4) \cdot (+9) \cdot (-5) =$ ______
$(-1) \cdot (+1) \cdot (-1) =$ ______

b) $(-25) \cdot (+7) \cdot (-4) =$ ______
$(+6) \cdot (-3) \cdot (-15) =$ ______

c) $(-11) \cdot (-6) \cdot 0 =$ ______
$(-2) \cdot (-2) \cdot (-2) =$ ______

8 Berechne. Trage den Buchstaben der Lösung ein. Du erhältst ein Lösungswort.

$-11 - (-2) \cdot 5 = -11 - (-10) = -11 + 10 = -1$

eachte die
chen-
geln:
nkt-vor-
rich-
chnung,
ammer
erst.

(1) $18 - 3 \cdot 8$ ☐
(2) $-41 + 7 \cdot 6$ ☐
(3) $-90 - (-4) \cdot 4$ ☐
(4) $19 - (-7) \cdot (-5)$ ☐
(5) $50 + (-5) \cdot (+12)$ ☐
(6) $-36 + (+4) \cdot (-16)$ ☐
(7) $3 \cdot (24 - 42)$ ☐
(8) $(42 - 53) \cdot (-9)$ ☐
(9) $(14 - 19) \cdot (13 - 17)$ ☐

99	S	−74	C	−16	H	−10	E	−6	R	−54	A	20	S	1	E	−100	N

Rationale Zahlen dividieren

1 Wie viel Euro muss Steffen monatlich zurückzahlen? Zerlege den Pfeil und schreibe die Rechnung auf.

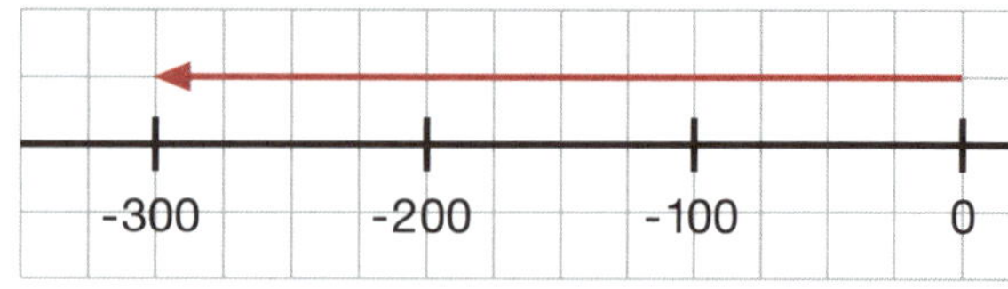

____

____

2

Minus durch minus gleich plus...

a) $(-63) : 9 =$ ______
$(-45) : 3 =$ ______
$(+88) : 11 =$ ______

b) $(-6{,}4) : 2 =$ ______
$(+0{,}8) : 4 =$ ______
$(-3{,}6) : 60 =$ ______

c) $\left(-\frac{5}{8}\right) : 5 =$ ______
$\left(-\frac{4}{5}\right) : 3 =$ ______
$\left(-\frac{3}{4}\right) : 6 =$ ______

3 Dividiere die linke durch die rechte Zahl und schreibe wie im Beispiel.

Minus durch plus gleich minus...

Beispiel: (+54) | (−6) → −9

a) (−42) | (−7) → ____
b) (−72) | (+4) → ____
c) (+108) | (+3) → ____
d) (−48) | (−16) → ____
e) (+91) | (−13) → ____

4

a) $(-3{,}5) : (+0{,}7) =$ ______
$(+6{,}5) : (-0{,}5) =$ ______
$(-9{,}6) : (-1{,}6) =$ ______

b) $(+8{,}1) : (-9) =$ ______
$(-3{,}9) : (-13) =$ ______
$(-3{,}2) : (+4) =$ ______

c) $(+6) : (+0{,}6) =$ ______
$(-28) : (-0{,}2) =$ ______
$(+51) : (-0{,}3) =$ ______

5

a)

:	(−6)	(+12)	(−30)	(+4)
(+30)				
(−18)				

b)

:	(−0,12)	(+0,03)	(+20)	(−0,8)
(−84)				
(+7,2)				

6 Multipliziere mit dem Kehrwert.

a) $(+7) : \left(-\frac{1}{2}\right) =$ ________________
$(-12) : \left(+\frac{3}{8}\right) =$ ________________
$(+3) : \left(-\frac{9}{10}\right) =$ ________________

b) $\left(+\frac{3}{5}\right) : \left(-\frac{3}{4}\right) =$ ________________
$\left(-\frac{4}{5}\right) : \left(-\frac{1}{4}\right) =$ ________________
$\left(-\frac{3}{10}\right) : \left(-\frac{2}{3}\right) =$ ________________

7 Wie heißen die fehlenden Zahlen? Trage ein.

a) $(-70) :$ ______ $= (+14)$
______ $: (-11) = (-11)$

b) ______ $: (+1{,}5) = (-3)$
$(-4) :$ ______ $= (+0{,}5)$

c) $(+2{,}4) :$ ______ $= (-1{,}2)$
______ $: (-8) = (-0{,}2)$

8 Dividiere immer wieder durch (−0,5).

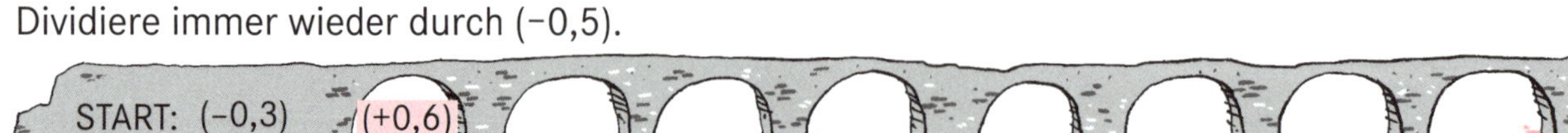

MACH DICH FIT!

Test 1

1 a) $-21 + 54 - 39 + 16 =$ ______ b) $13 - 48 + 37 - 22 =$ ______

2 a) $(-38) + (-43) =$ ______ b) $(-91) - (-54) =$ ______ c) $(+24) -$ ______ $= (-41)$

3 Im Gebiet des sibirischen „kalten Pols“ im Osten Russlands schwanken die Temperaturen zwischen minus 68° C und 37° C. Wie groß ist der Temperaturunterschied?

______

4 a) $(-13) \cdot 7 =$ ______ b) $(+14{,}4) : 6 =$ ______ c) $\left(-\frac{4}{5}\right) : 2 =$ ______

5 a) $(+6) \cdot (-35) =$ ______ b) $(-1{,}9) \cdot (+0{,}4) =$ ______ c) $(-0{,}8) \cdot (-0{,}8) =$ ______

6 a) $(-48) : (-12) =$ ______ b) $(+88{,}8) : (-3) =$ ______ c) $(-5{,}6) : (+0{,}7) =$ ______

7 a) $(-5) \cdot (+9) \cdot (-8) =$ ______ b) $(-6) \cdot (-3) \cdot (-25) =$ ______ c) $(+1) \cdot (-1) \cdot (-1) =$ ______

Test 2

1 a) $35 - 41 + 15 - 29 =$ ______ b) $-24 - 32 + 55 - 44 =$ ______

2 a) $(+27{,}8) - (+61{,}1) =$ ______ b) ______ $- (-8{,}2) = (+3{,}3)$ c) $(+12{,}6) +$ ______ $= -16{,}5$

3 Herr May hat sein Konto um 457,93 € überzogen. Dann wurden folgende Beträge gebucht: Überweisung für die Autoreparatur 196,36 €, Gehalt 2148,06 €, Kfz-Haftpflichtversicherung 218,74 €, Steuerrückzahlung 420 €, Miete 513,40 €. Wie hoch ist der neue Kontostand?

______

4 a) $(-84) \cdot (+5) =$ ______ b) $(-0{,}7) \cdot (-1{,}6) =$ ______ c) $(+0{,}3) \cdot (-0{,}2) =$ ______

5 a) $(+657) : (-9) =$ ______ b) $(-0{,}64) : (+16) =$ ______ c) $(-0{,}42) : (-0{,}7) =$ ______

6 Kleiner (<), größer (>) oder gleich (=)? Rechne aus und vergleiche die Ergebnisse.

a) $(-14) \cdot (+3)$ ☐ $(+13) \cdot (-4)$ b) $(-14{,}4) : (-0{,}8)$ ☐ $(-15{,}3) : (-0{,}9)$

______ ______

7 a) $(-5) \cdot (+5) \cdot (+5) =$ ______ b) $(-7) \cdot (-15) \cdot (-4) =$ ______ c) $(-48) \cdot (-13) \cdot 0 =$ ______

Schrägbilder

Beachte: Unsichtbare Kanten werden gestrichelt gezeichnet.

1 Ergänze in den Quadern die angegebenen Schrägbilder.

a) Dreiecksäule

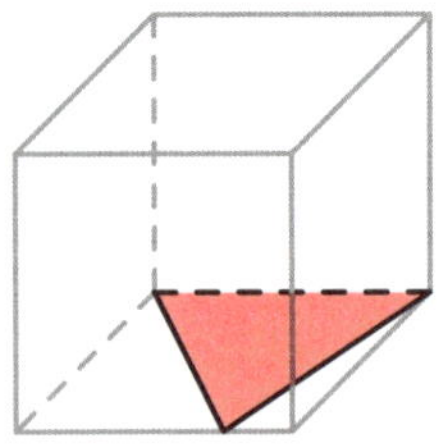

b) Trapezsäule

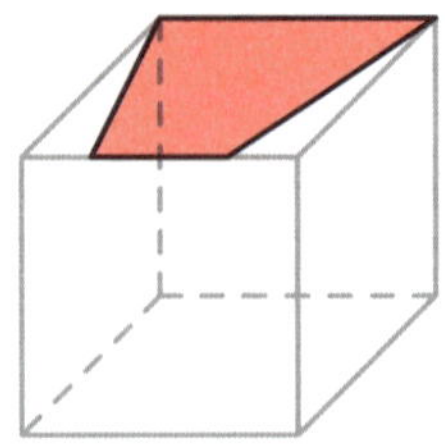

c) Pyramide

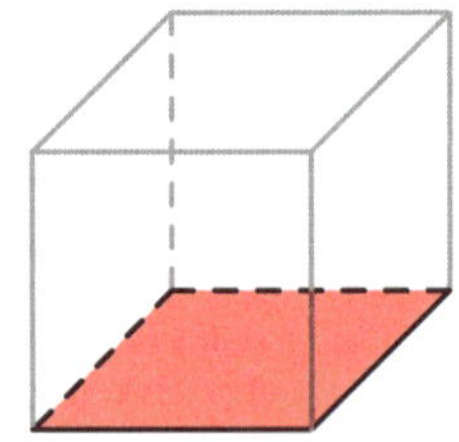

2 Vervollständige die Schrägbilder der Säulen. Färbe die Grundfläche und die Deckfläche. Gib den Namen der Säule an.

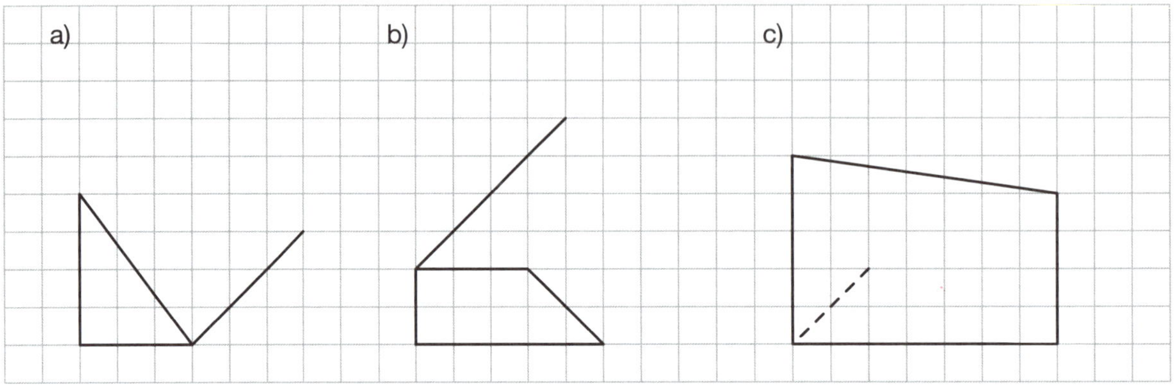

________________ ________________ ________________

3 Vervollständige die Schrägbilder der Säulen. Färbe die Grundfläche und die Deckfläche.

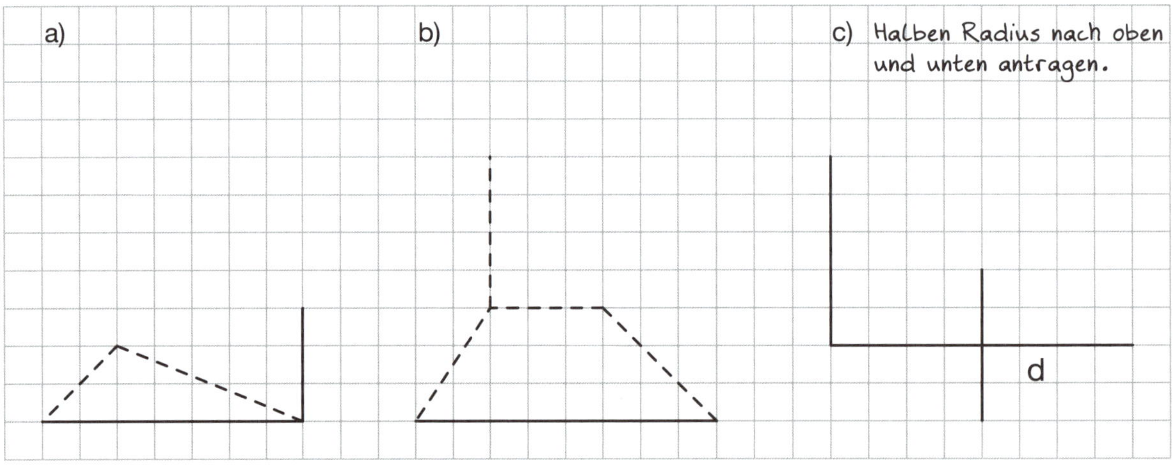

4 Vervollständige die Schrägbilder der Spitzkörper.

a) Quadratische Pyramide h_k = 2,5 cm

b) Rechteckige Pyramide h_k = 1,5 cm

c) Kegel h_k = 2 cm

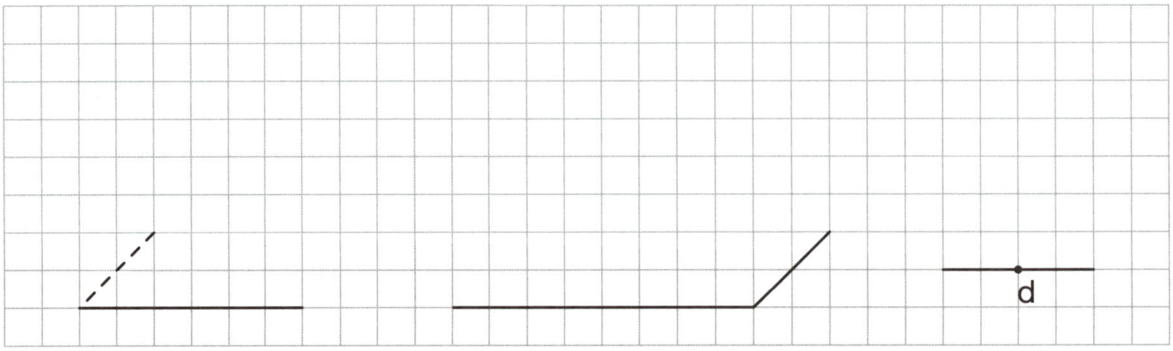

Oberfläche und Volumen von Säulen

1 a) Berechne die Oberfläche der Säulen.

(1)

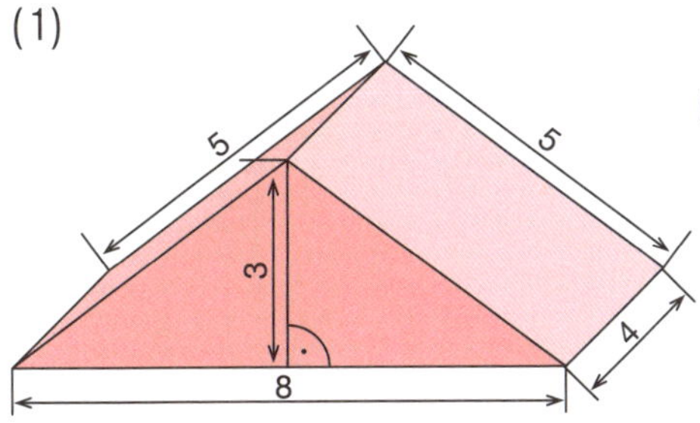

(2)

Maßstab in cm

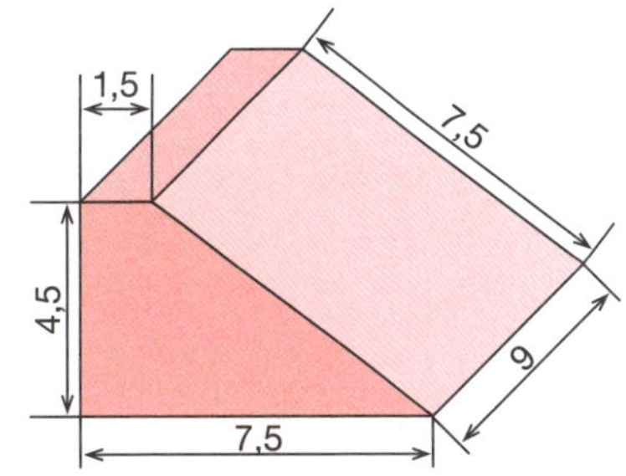

Oberfläche von Säulen:
$O = 2 \cdot G + M$

b) Gib das Volumen der Säulen an.

(1) V = ______________________

____

____

(2) V = ______________________

____

____

Volumen von Säulen:
$V = G \cdot h_k$

2 Welche Körper gehören zu den Rauminhalten? Trage ein.

a	130 cm³	b	108 cm³	c	144 cm³	d	168 cm³	e	135 cm³

Maße in cm

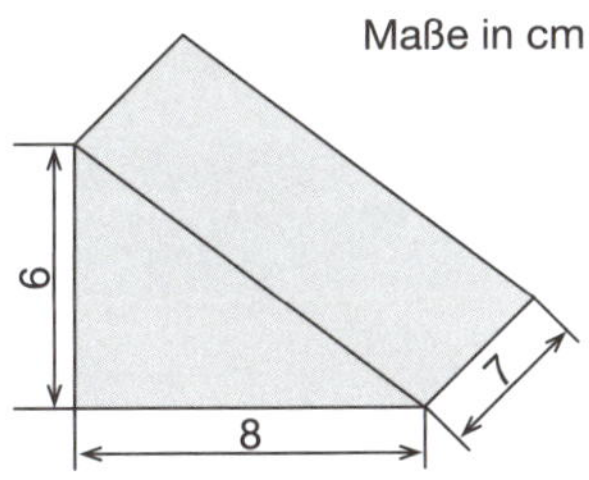

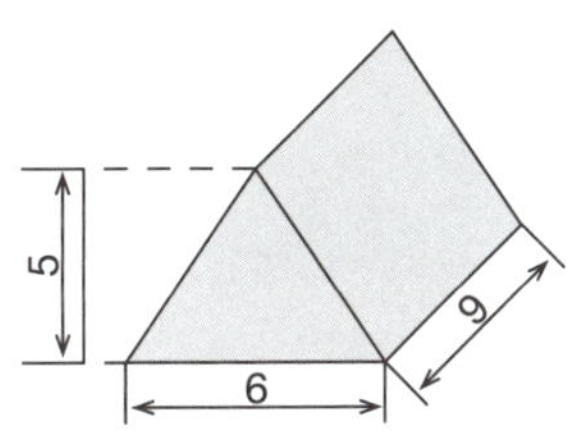

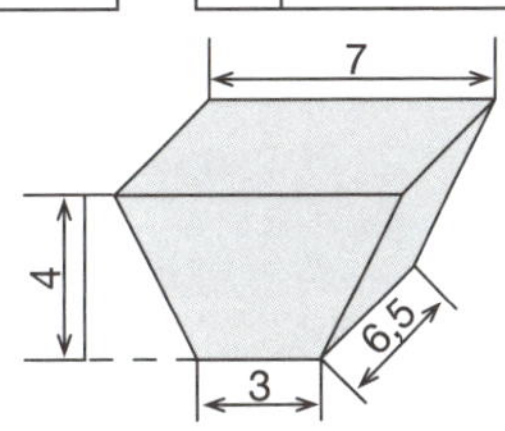

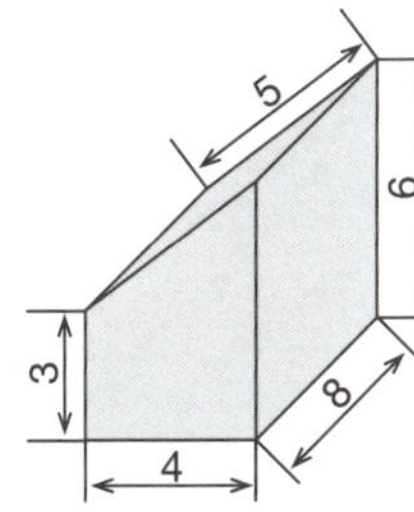

A		B		C		D	

3 Welches Angebot ist günstiger? Gib den Preis für 100 ml an und vergleiche. (Maße in cm)

$1\,cm^3 = 1\,ml$

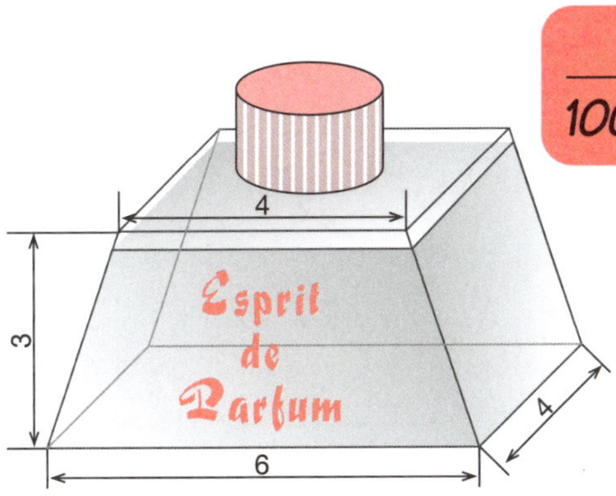

_____ ml kosten 24 €
100 ml kosten _____ €

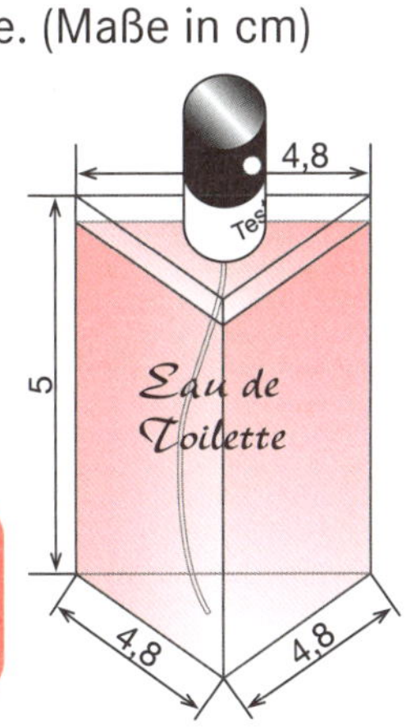

_____ ml kosten 21 €
100 ml kosten _____ €

Oberfläche und Volumen von Zylindern

1 a) Berechne die Oberfläche der Dosen.
b) Berechne das Volumen der Dosen.

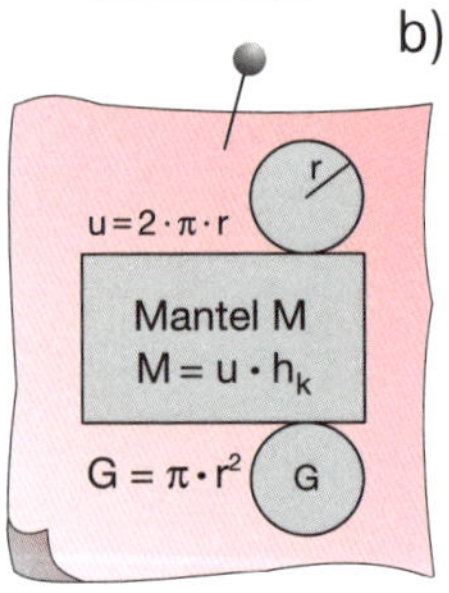

(1)

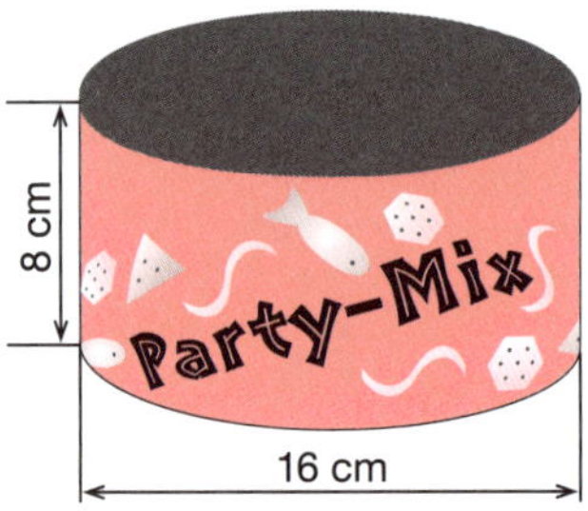

(2)

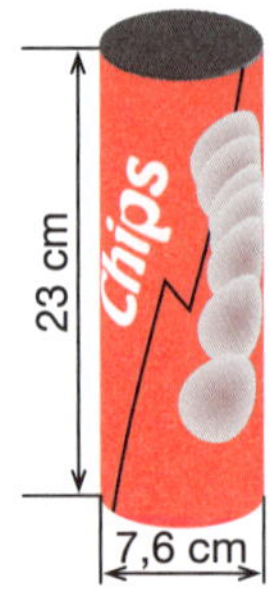

(3)

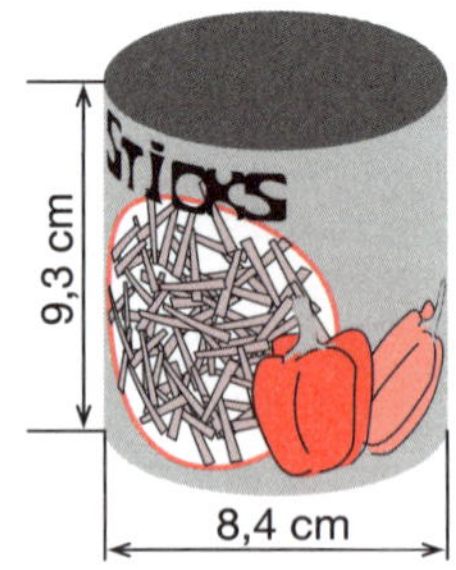

2 Das schwerste Drahtseil der Welt „Big Hydra“ ist 3150 m lang und hat einen Durchmesser von 14 Zentimeter.
a) Berechne sein Volumen.
b) Ein m^3 wiegt 5,36 t. Wie schwer ist das Seil?

---

3 Den Hubraum von Motoren gibt man mit Zylinderzahl, Bohrung (Durchmesser) und Hub (Körperhöhe) an. Berechne den Hubraum der Motorradmotoren.

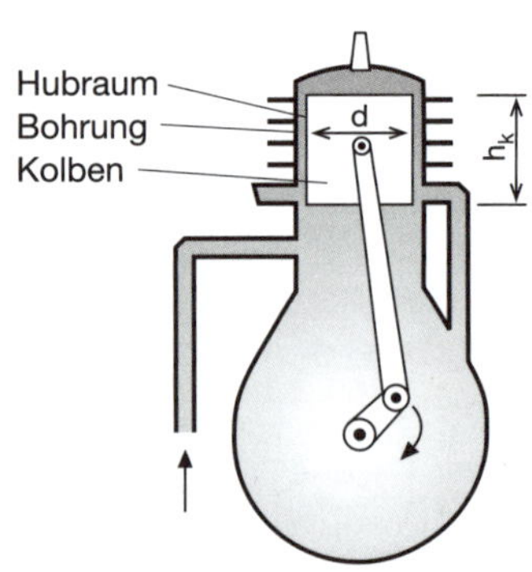

Zylinderzahl	/	Bohrung (mm)	x	Hub (mm)
1	/	56	x	58

a) 1 / 56 x 58 ______

b) 1 / 54 x 54 ______

c) 1 / 52 x 46 ______

d) 2 / 49 x 49 ______

e) 2 / 44 x 41 ______

Volumen von Pyramiden und Kegeln

1 Berechne das Volumen der Körper.

Volumen von Spitzkörpern
$V = \frac{1}{3} G \cdot h_K$

a) Maße in cm

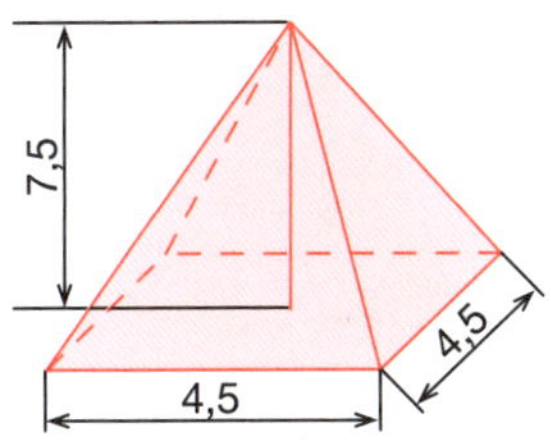

V = ______

b)

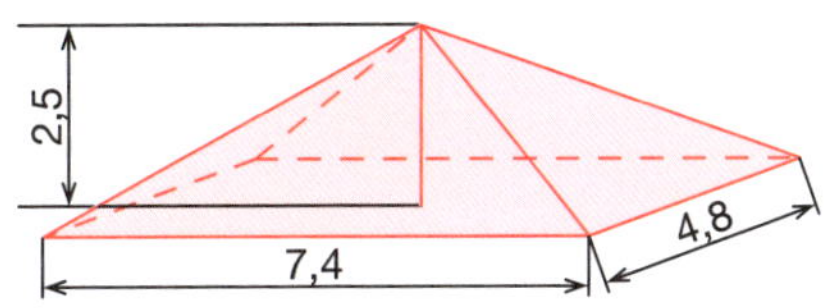

V = ______

c)

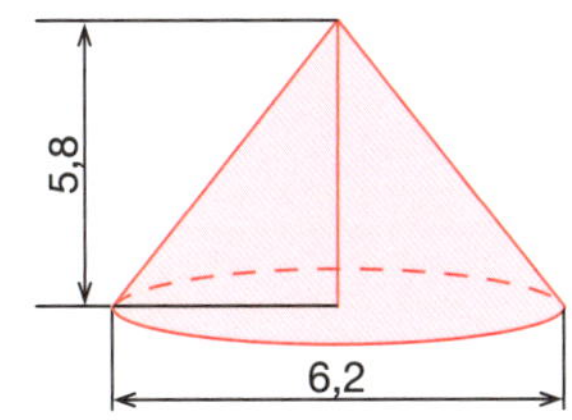

V = ______

2 Ordne den quadratischen Pyramiden das Volumen zu.

a = 4 cm, h_K = 9 cm	a = 1 cm, h_K = 12 cm	a = 5 cm, h_K = 3 cm	a = 3 cm, h_K = 5 cm	a = 6 cm, h_K = 2 cm	a = 2 cm, h_K = 6 cm
V = 25 cm³	V = 48 cm³	V = 4 cm³	V = 24 cm³	V = 8 cm³	V = 15 cm³

3 Berechne das Volumen der Körper.

Quadratische Pyramide			
	a)	b)	c)
a	8 cm	4,5 dm	2,1 m
h_K	13 cm	3 dm	29 dm
V			

Kegel			
	d)	e)	f)
r	7 cm	12,8 m	27 cm
h_K	16 cm	20,2 m	2,7 dm
V			

4 

a) Die Eistüte ist 15 cm hoch und hat einen Durchmesser von 5,6 cm. Wie groß ist ihr Volumen?

b) Die Waffel ist nur 12 cm hoch und hat einen Durchmesser von 4,4 cm. Wie viel Prozent der gesamten Eismenge befindet sich in der Waffel?

5 Ein Briefbeschwerer aus Marmor ist 7,1 cm hoch und hat die Form einer quadratischen Pyramide mit der Kantenlänge 10 cm. Wie schwer ist er? (Marmor: 2,8 $\frac{g}{cm^3}$)

Oberflächen von Pyramiden und Kegeln

Oberfläche von Spitzkörpern

O = G • M

1 Berechne die Oberfläche der Körper

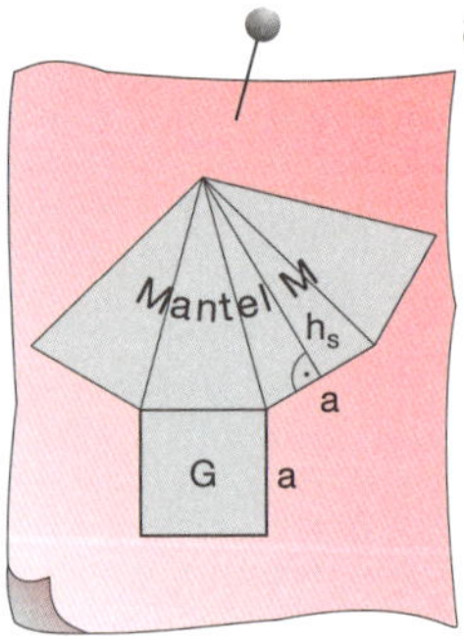

a) Maße in cm

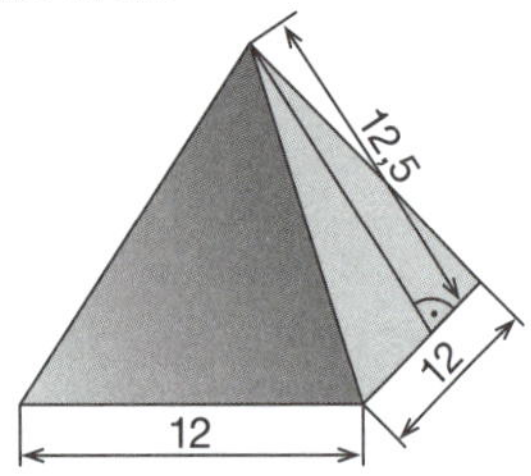

b)

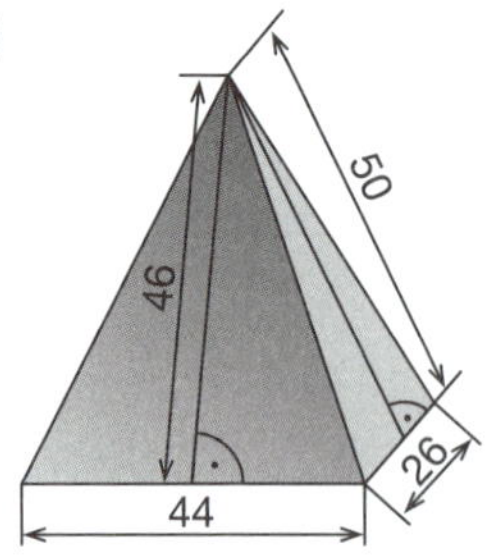

c)

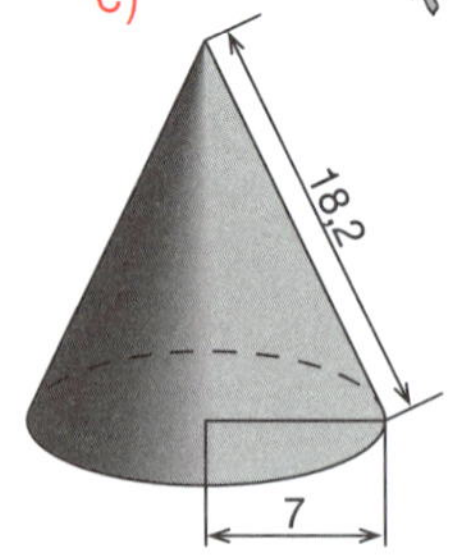

O = __________ O = __________ O = __________

2 a) Berechne mit dem Satz des Pythagoras die fehlenden Längen.
b) Berechne die Oberfläche und das Volumen.

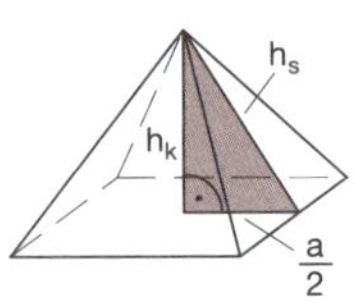

Quadratische Pyramide			
	a)	b)	c)
a	10 cm	14 dm	
h_K	12 cm		15 m
h_s		25 dm	17 m
O			
V			

Kegel			
	d)	e)	f)
r	4,5 cm		4,8 dm
h_K	10,8 cm	18 m	
s		22,5 m	5,2 dm
O			
V			

3 Im Brillenshop sollen die Brillen auf einer quadratischen Holzpyramide (ohne Bodenplatte) ausgestellt werden.

a) Wie viel m^2 Holz werden für die Pyramide benötigt?

b) Für Verschnitt werden zusätzlich 20 % berücksichtigt. Wie viel m^2 müssen bestellt werden?

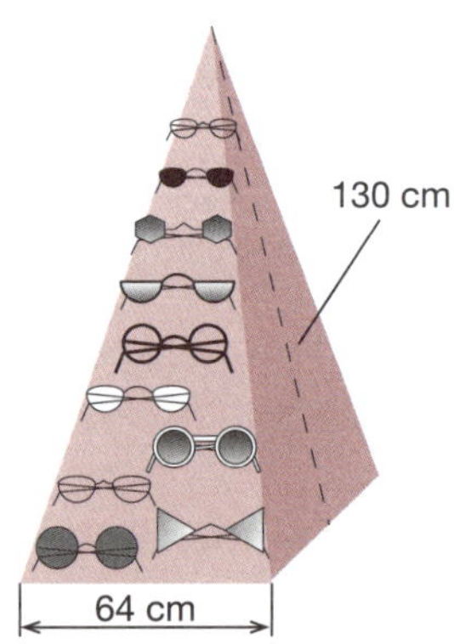

Volumen und Oberfläche von Kugeln

1 a) Miss die Durchmesser der Kugeln und bestimme den Radius.
b) Berechne das Volumen und die Oberfläche.

$V = \frac{4}{3} \cdot \pi \cdot r^3$ $O = 4 \cdot \pi \cdot r^2$

(1) 

(2) 

(3) 

d_1 = r_1 = | d_2 = r_2 = | d_3 = r_3 =

V = ______ V = ______ V = ______

______ ______ ______

O = ______ O = ______ O = ______

______ ______ ______

2 Berechne das Volumen und die Oberfläche der Kugeln.

a) r = 4,5 cm
V = ______
O = ______

b) d = 0,5 m
V = ______
O = ______

c) r = 20 dm
V = ______
O = ______

d) d = 36 cm
V = ______
O = ______

3 Damit Tischtennisbälle langsamer fliegen und im Fernsehen besser gesehen werden können, wurde ihr Durchmesser von 3,8 cm auf 4,0 cm vergrößert.
a) Um wie viel cm^3 hat sich das Volumen vergrößert?

______

b) Wie viel cm^2 Material werden zusätzlich benötigt? Berücksichtige jeweils 5 % für die Überlappung an der Naht.

______

4 Im Hauswirtschaftsunterricht werden zum Bestimmen kleiner Mengen Messlöffel mit der Form einer Halbkugel eingesetzt. Trage ihr Fassungsvermögen ein.

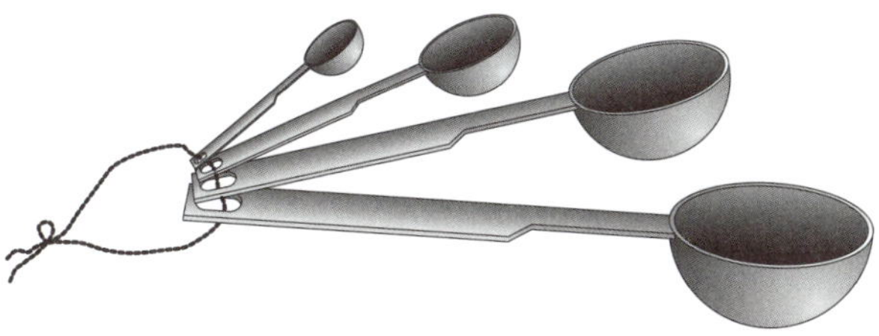

$\frac{1}{4}$ Teelöffel	d = 1,68 cm	V =
$\frac{1}{2}$ Teelöffel	d = 2,12 cm	V =
1 Teelöffel	d = 2,67 cm	V =
1 Esslöffel	d = 3,86 cm	V =

Ansichten

1 Die drei Streichholzschachteln sind in verschiedenen Ansichten dargestellt. Ordne richtig zu:
A von links (Seitenansicht), B von vorn (Vorderansicht), C von oben (Draufsicht)

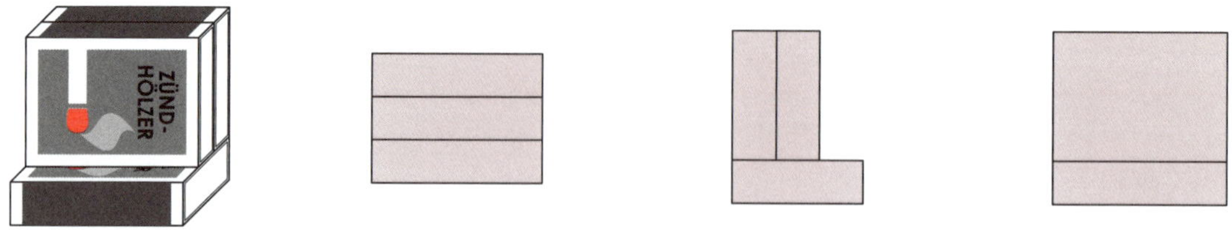

______ ______ ______

2 Stelle zwei Streichholzschachteln wie im Bild auf.
a) Welche Ansicht ist dargestellt?
b) Zeichne die beiden anderen Ansichten.

a) ______ b) (1) Vorderansicht (2) Draufsicht

3 Zeichne die beiden anderen Ansichten des Körpers. Benenne die Ansichten.

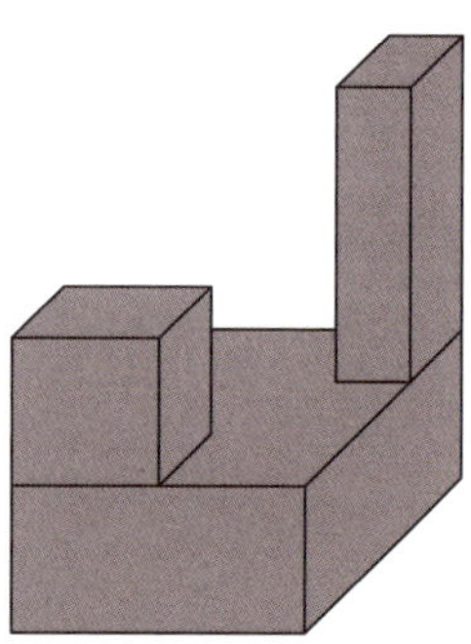

______ ______ ______

4 a) Welche Ansichten gehören zu dem Körper?
b) Ordne die Ansichten dem Schrägbild zu. Benenne die Ansichten.

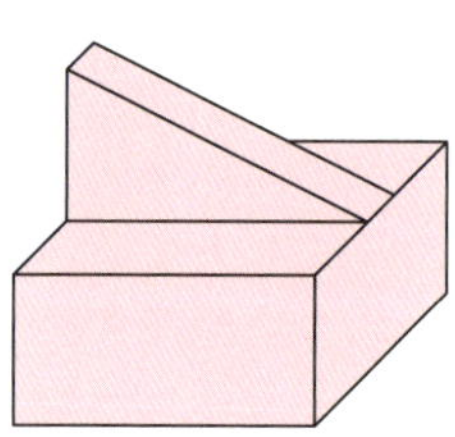

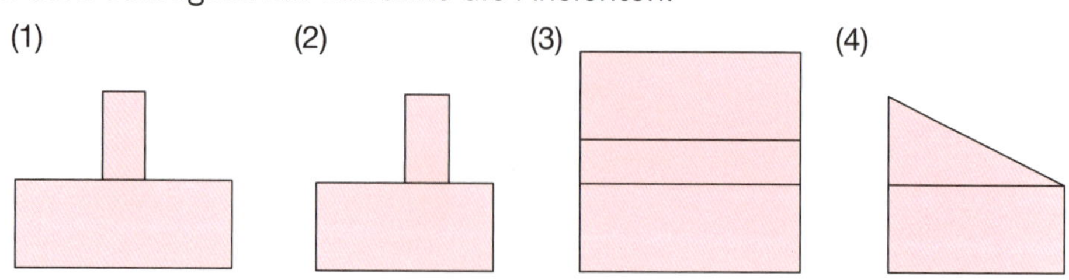

______ ______ ______ ______

MACH DICH FIT!

Test 1

1 Berechne das Volumen und die Oberfläche der Säulen.

a)

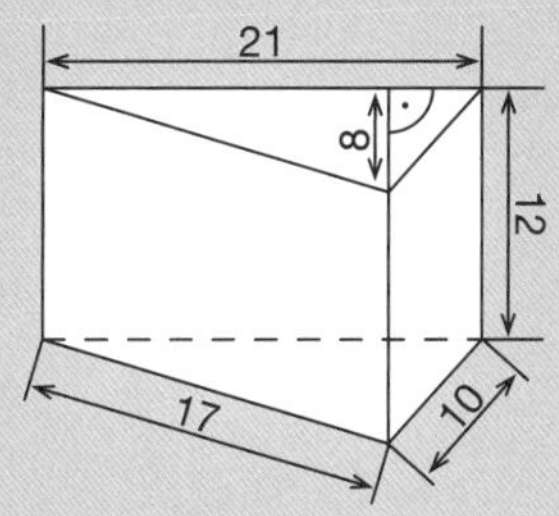

V =

O =

b)

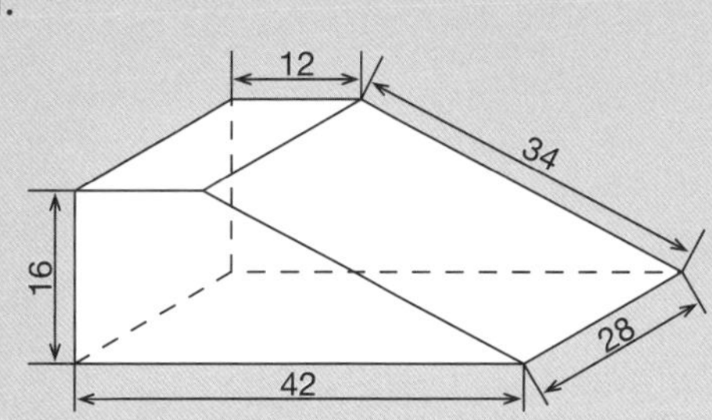

V =

O =

2 Im Baumarkt werden zylinderförmige Trittplatten (d = 40 cm; h_K = 5 cm) aus Granit (Granit: 2,57 $\frac{g}{cm^3}$) angeboten.

a) Berechne das Volumen für eine Platte. ______

b) Wie viel kg wiegt eine Platte? ______

c) Für ihre Rasenfläche benötigt Frau Friedrich fünf Platten. Ihr Kofferraum kann noch 50 kg aufnehmen. Wie viele Platten kann sie auf einmal transportieren?

______

3 Herr Montag erhält einen zylindrischen Heizkessel. Die Kesselhöhe beträgt 110 cm, der Durchmesser 45 cm.

a) Wie viel Liter fasst der Kessel?

b) Wie viel m^2 Blech ist zur Herstellung des Kessels erforderlich?

Test 2

Berechne das Volumen und die Oberfläche der Körper.

1 a)

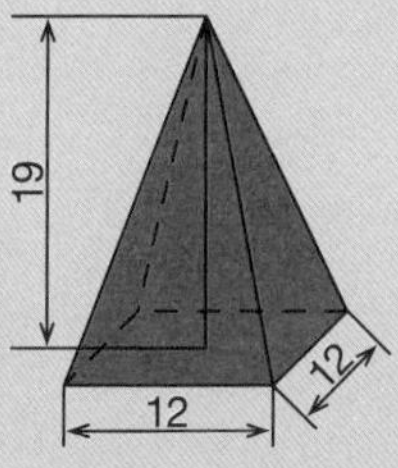

V =

O =

b)

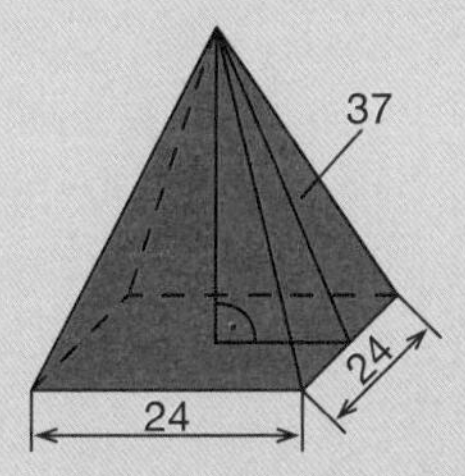

V =

O =

c)

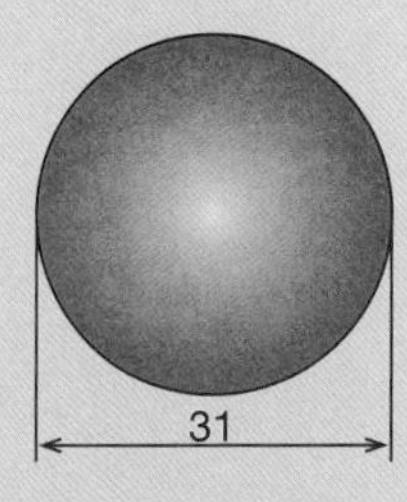

V =

O =

2 Ein Diamant besteht aus zwei gleich großen quadratischen Pyramiden (a = 1 cm; h_K = 0,5 cm), die an der Grundfläche zusammengefügt sind.

a) Wie viel Gramm wiegt der Diamant (Diamant: 3,51 $\frac{g}{cm^3}$)?

b) Wie viel Karat hat der Stein (1 Karat = 0,2 g)?

3 Mit dem kegelförmigen Schnurlot kann überprüft werden, ob Wände lotrecht verlaufen. Wie schwer ist ein Messinglot? (Messing: 8,6 $\frac{g}{cm^3}$)

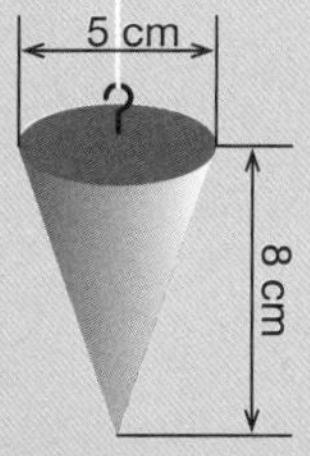

Terme aufstellen und berechnen

1 a) Stelle die Terme für den Drahtbedarf auf und vereinfache sie.
b) Berechne den Drahtbedarf u (rot = 20 cm; schwarz = 15 cm; grau = 10 cm).

A
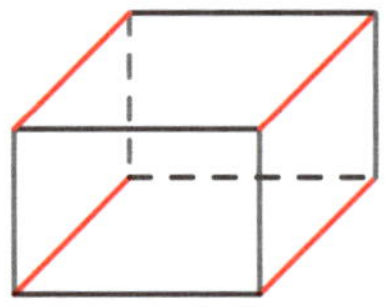

B
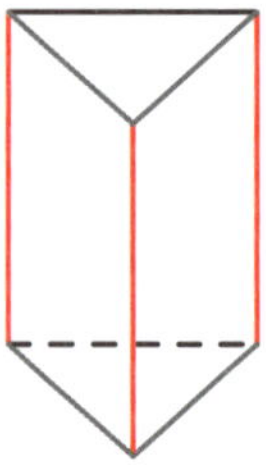

C
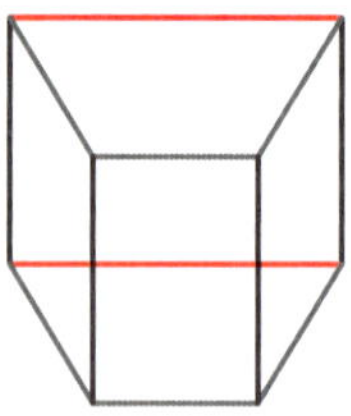

Beachte: $4 \cdot r = 4r$

2 Welche Terme gehören zusammen? Verbinde.

a)

$12a - a + 5 + a$	$5 + a$
$4 - 5a + 8$	$12a + 5$
$18 + a - 13$	$12 - 5a$
$7a + 5 - 8a + 13$	$18 - a$
	$4 - 5a$

b)

$5x - 16y - 8x + 24y$	$3y - 10x$
$3y - 7x - 11y + 9x + x$	$3x - 8y$
$4x - x - 11y + 7x + 19y$	$10x - 3y$
$7y + 3x + 3y + 3x - 13y + 4x$	$10x + 8y$
	$8y - 3x$

3 Schreibe wie in den Beispielen.

$6 \cdot 9x = 54x$

$36y : 20 = \frac{36y}{20} = \frac{9y}{5} = \frac{9}{5}y$

a) $8 \cdot 7z =$ ______

$15x \cdot 6 =$ ______

$12a \cdot 4 =$ ______

b) $27x : 12 =$ ______

$56a : 21 =$ ______

$16y : 28 =$ ______

4 a)

·	4x	9y	15b
7			
11			

b)

:	6	8	9
144x			
360z			

5 a) Ergänze den Additionsturm.

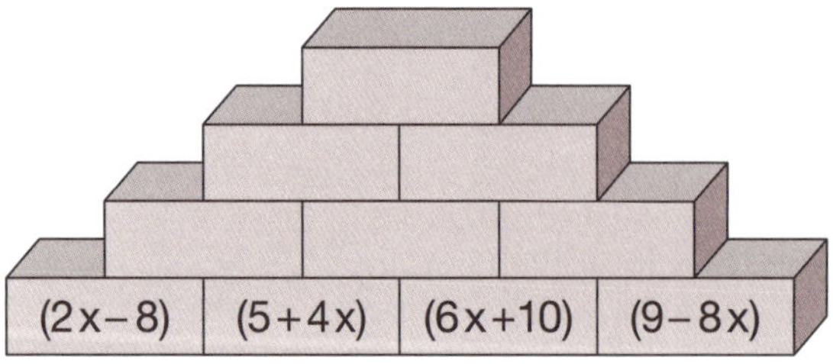

b) Ergänze den Subtraktionsturm.
Subtrahiere jeweils den rechten von dem linken Term.

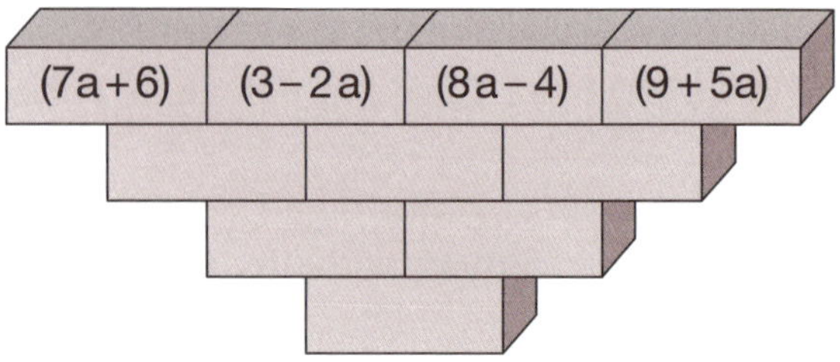

Klammerausdrücke multiplizieren und dividieren

1 Familie Ritter kauft zu ihrem Grundstück ein benachbartes Grundstück hinzu. Wie groß ist die Gesamtfläche nach dem Kauf? Rechne auf zwei Arten.

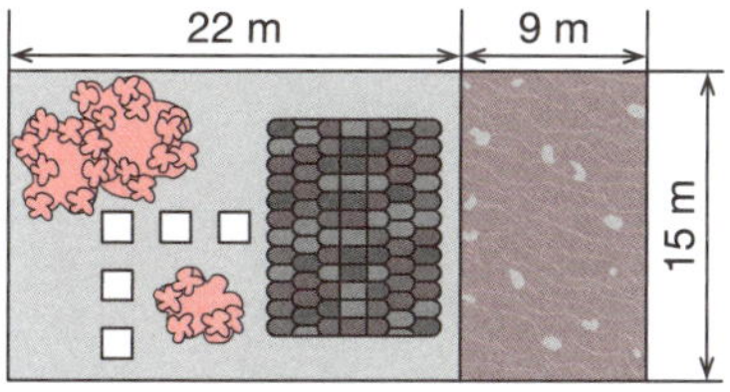

$a \cdot (b + c) = a \cdot b + a \cdot c$

2 Gib den Flächeninhalt wie im Beispiel auf zwei Arten an.

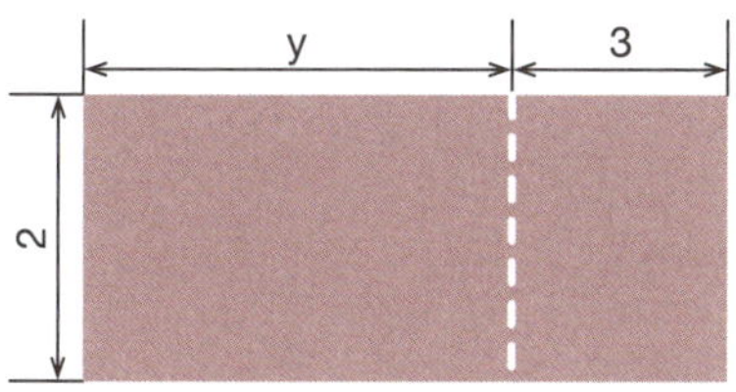

$2 \cdot (y + 3) = 2y + 6$

a)

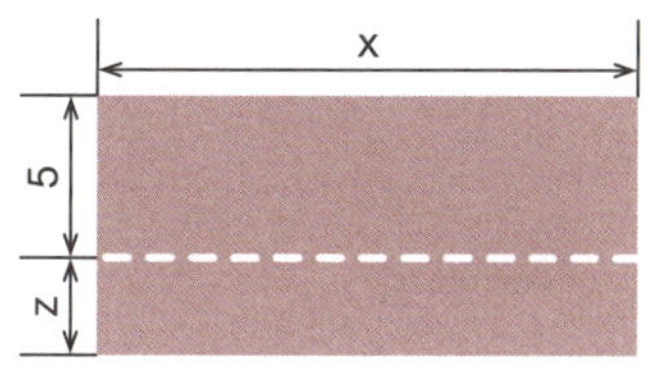

____

b)

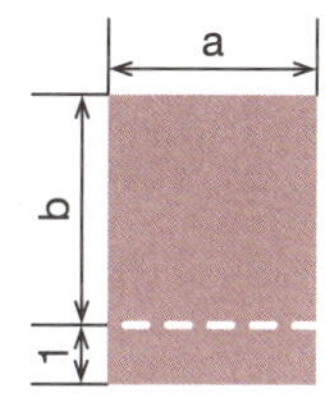

____

3 Berechne wie im Beispiel. $5 \cdot (4 - 2x) = 20 - 10x$

a) $4 \cdot (2 - y) =$ ________________

$11 \cdot (a + 3) =$ ________________

b) $2 \cdot (19 + 8x) =$ ________________

$(7z - 15) \cdot 9 =$ ________________

4 a)

·	(x + 8)	(12 − y)	(2b + 4)
6			
1,5			

b)

·	7	13	50
(9 + y)			
(6x − 13)			

5 Multipliziere zuerst die Klammer aus und vereinfache den Rechenausdruck. Verbinde Terme, die zusammengehören.

a)

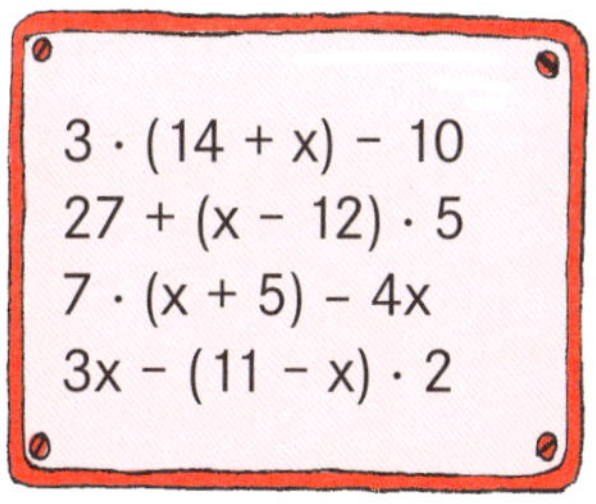

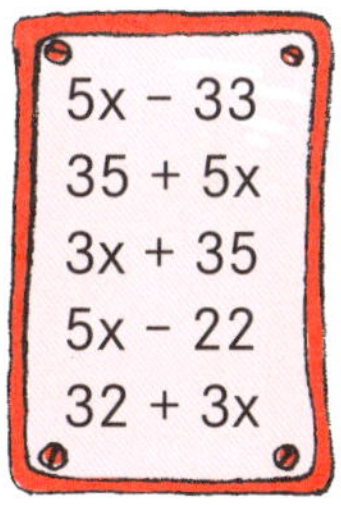

b)

6 Schreibe wie im Beispiel. $(28 - x) : 7 = 4 - \frac{x}{7}$

a) $(42 + z) : 6 =$ ________________

$(48 - a) : 8 =$ ________________

b) $(16x - 8) : 2 =$ ________________

$(33y + 16) : 10 =$ ________________

7 a)

:	3	5	2
(x + 30)			
(15 − y)			

b)

:	4	6	12
(24 + 48y)			
(12x − 36)			

Gleichungen aufstellen und durch Umformen lösen

1 Löse die Gleichung.

Term

x

12 · x ____

12x − 7 ____

____

____

____

Gleichung lösen

Probe: ____

Antwort: Die gedachte Zahl heißt ____.

2 Fasse zuerst zusammen.

a) $6x + 6 - x - 18 = 15 + 28$

b) $61 - 40 = 14x + 19 - 11x - 25$

c) $25 - 13x + 5 + 20x = 36 - 13$

3 Stelle eine Gleichung auf und bestimme x.

a) Multipliziere eine Zahl mit 8 und vermindere das Ergebnis um 15. Du erhältst die Summe aus 29 und 12.

b) Addiere zum Dreifachen einer Zahl das Sechsfache der Zahl und subtrahiere 13. Du erhältst die Differenz aus 16 und 2.

4 Löse zuerst die Klammern auf.

a) $7x - (3x + 5) = 27$

b) $47 = 5x - (7 - 4x)$

5 Rechne wie im Beispiel.

$\frac{3x}{2} = 15 \quad |\cdot 2$

$3x = 30 \quad |:3$

$x = 10$

a) $\frac{7x}{10} = 42$

b) $\frac{2x}{5} = 18$

Gleichungen durch Umformen lösen

1 Schreibe eine Gleichung und bestimme die Lösung.

a)
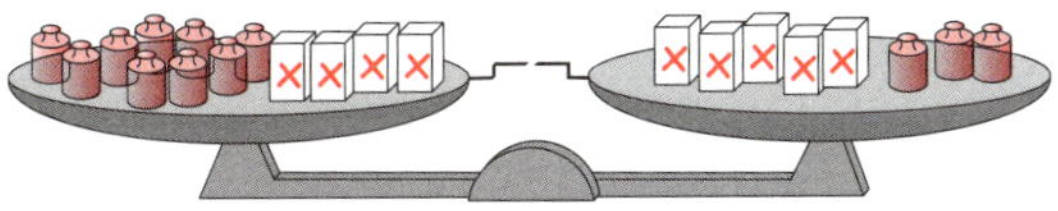

$9 + 4x = 5x + 3$

b)
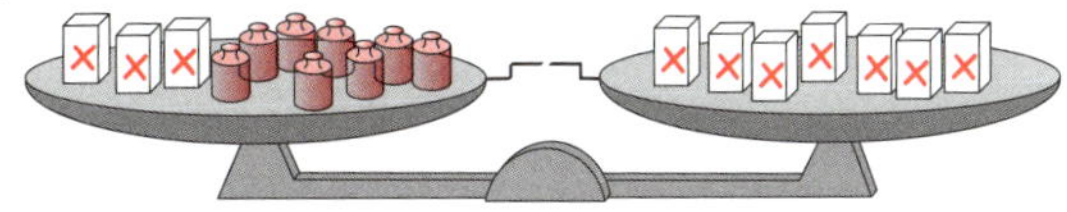

Löse die Gleichungen. Mache die Probe im Kopf.

a) $9x - 5 = 8x + 12$

b) $72 - 2x = 6x$

3 Welche Gleichungen gehören zu den Zahlenrätseln? Trage ein und bestimme x.

a	Addiere zum Doppelten einer Zahl 5. Du erhältst das Dreifache der Zahl vermindert um 6. x =

b	Wenn du zum Vierfachen einer Zahl 16 addierst, so erhältst du das Sechsfache der Zahl. x =

A	$2x - 5 = 3 + 6x$	B	$4x + 16 = 6x$	C	$4 - 16x = 6$	D	$2x + 5 = 3x - 6$

4 Forme die Gleichung um und bestimme x.

a) $17x + 9 = 45 + 5x$

b) $5x + 15 = 8x - 6$

c) $6x - 27 = 14x - 11$

5 Löse die Gleichungen. Schreibe die Ergebnisse in das Kreuz-Zahl-Rätsel.

1		■	2	3
	■	4	■	
■	5			■
6	■		■	7
8		■	9	

Waagerecht:

1) $6 \cdot (x - 7) = 30$
2) $26 + 4 \cdot (x + 12) = 118$
5) $13 \cdot (x - 60) = 5 \cdot (x + 44)$
8) $6x - (x + 3) - 7 = 4x + 6$
9) $4 \cdot (x + 10) = 204 - 2 \cdot (x - 8)$

Senkrecht:

1) $83 - (5x + 6) = x + 17$
3) $7x - 75 + x + 12 = 15x - 51 - 6x - 27$
4) $65 + 11 \cdot (x - 20) = 5 \cdot (x + 70) + 215$
6) $5 \cdot (x + 12) = 11 \cdot (x - 6)$
7) $9 \cdot (x + 15) + (x - 10) \cdot 4 = 355$

Sachaufgaben mit Gleichungen

1

Wie teuer ist jedes Teil?

Preis für die CD	*Preis für die DVD*	*zusammen*
______	______	______

Gleichung lösen

Antwort: ______

2 Murat kauft im Sonderangebot einen Fußball und einen Basketball. Insgesamt bezahlt er 18,40 €. Der Basketball ist 2,60 € billiger als der Fußball. Wie teuer ist jeder Ball?

Preis für den Fußball	*Preis für den Basketball*	*zusammen*
______	______	______

Antwort: ______

3 a) Wie teuer ist jede Pizza?

Antwort: ______

b) Wie viele Jungen und Mädchen gehen in die 9c?

Antwort: ______

4 In einem gleichschenkligen Dreieck ist ein Schenkel 5 cm kürzer als die Grundseite. Der Umfang beträgt 29 cm. Wie lang sind die Seiten?

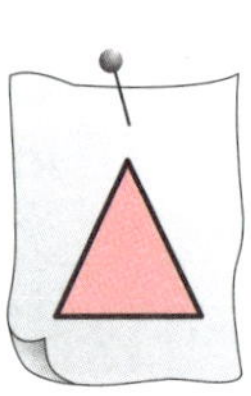

Länge der Grundseite	*Länge von einem Schenkel*
______	______

Antwort: ______

Sachaufgaben mit Gleichungen

x	x − 10	x + 6	Zusammen: 146 €	Zusammen: 70,50 €

1 Olga kauft für eine Radtour eine Regenhose, einen Regenponcho und einen Helm. Der Poncho ist 10 € billiger als die Hose, der Helm ist 6 € teurer als die Hose. Zusammen bezahlt sie 113 €. Wie teuer ist jedes Teil?

Antwort: ______________________

2 Victoria kauft ein Packtaschen-Set. Die Aufsatztasche ist 6 € billiger als die Lenkertasche. Die Packtaschen sind 5 € teurer als die Lenkertasche. Wie teuer ist jedes Teil?

Preis für die Lenkertasche	*Preis für die Aufsatztasche*	*Preis für die Packtaschen*

Antwort: ______________________

3 a) Wie alt sind die Familienmitglieder?

Tochter	Mutter	Vater	Sohn
x			

b) Wie alt sind Mutter und Sohn?

Alter	jetzt	in 7 Jahren
Sohn	x	
Mutter		

4 In einem Dreieck ist die Seite c um 5 cm länger als die Seite a. Die Seite b ist um 3 cm kürzer als die Seite c. Der Umfang beträgt 25 cm. Wie lang sind die Seiten?

Rechnen mit Formeln: Prozentrechnung

1

Gegeben: P = 56 Mädchen; p% = 32 %

Gesucht: G

Formel: $P = \frac{G \cdot p}{100}$

Einsetzen:

Umformen:

Antwort: ______________________

Gegeben: ______________________

Gesucht: ______________________

2 Die Klassenlehrer erstellen eine Liste über die Berufswünsche der Schülerinnen und Schüler. Berechne die fehlenden Werte. Runde sinnvoll.

a)

	Schule am See	
	Arzthelferin	Elektriker
G	42	
p%		9,5 %
P	5	6

b)

Schule am Gutspark	
Friseurin	Mechaniker
	65
6 %	
3	8

c)

Schule am Steinberg	
Hotelfach	Baugewerbe
	44
7 %	
2	4

3

a) Wie viel Euro hat der Jogurt vorher gekostet?

____

b) Wie viel Euro kostet der Pudding jetzt?

____

c) Wie viel Prozent spart man bei den Dosensuppen?

____

4 Beim Herunterladen von Dateien aus dem Internet werden der bereits gesendete Anteil in Prozent sowie die verbleibende Zeit angegeben. Ergänze.

a) 44 % Restzeit: 42 min
Gesamtzeit: ________

b) 80 % Restzeit: ________
Gesamtzeit: 65 min

c) ______ % Restzeit: 12 min
Gesamtzeit: 30 min

Rechnen mit Formeln: Flächen und Körper

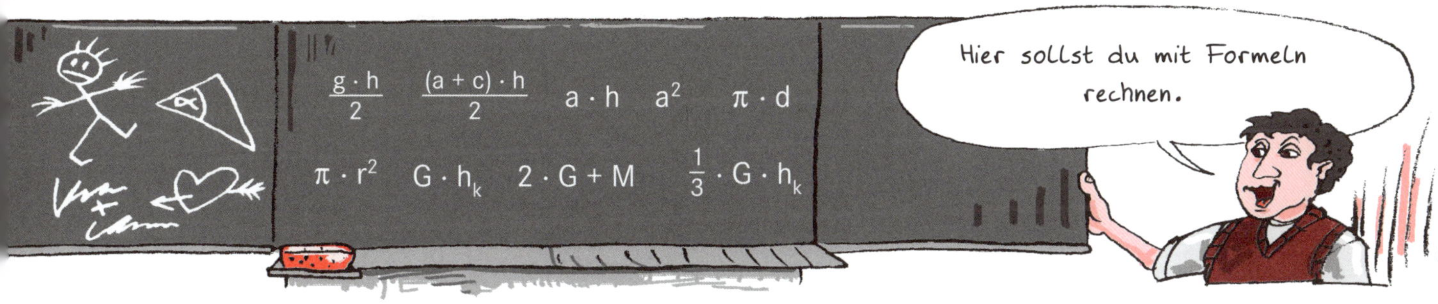

1 a) Berechne die Höhe des Dreiecks.

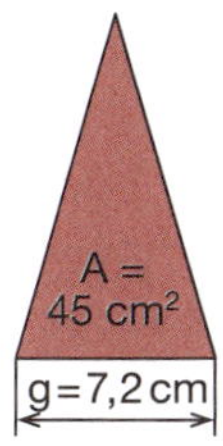

b) Wie lang ist die Grundseite des Parallelogramms?

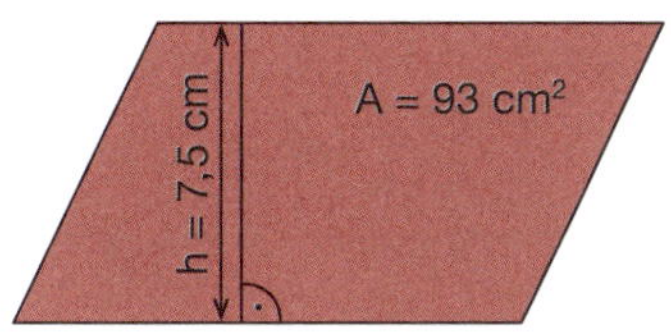

c) Wie hoch ist das Trapez?

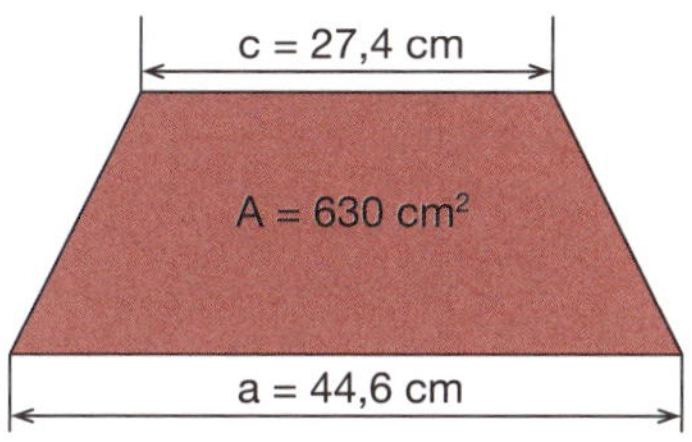

Formel
Einsetzen
Umformen

2 Berechne die fehlenden Stücke.

a)	b)	c)	d)	e)
Parallelogramm	Dreieck	Trapez	Kreis	Kreis
$A = 82{,}4\ cm^2$	$A = 69{,}6\ cm^2$	$A = 3276\ cm^2$	u = 48 cm	$A = 27\ cm^2$
g = 10,3 cm	h = 9,6 cm	h = 45,5 cm	d = ____	r = ____
h = ____	g = ____	a = 86,6 cm	r = ____	d = ____
		h = ____		

3 a) Wie hoch ist die quadratische Pyramide?

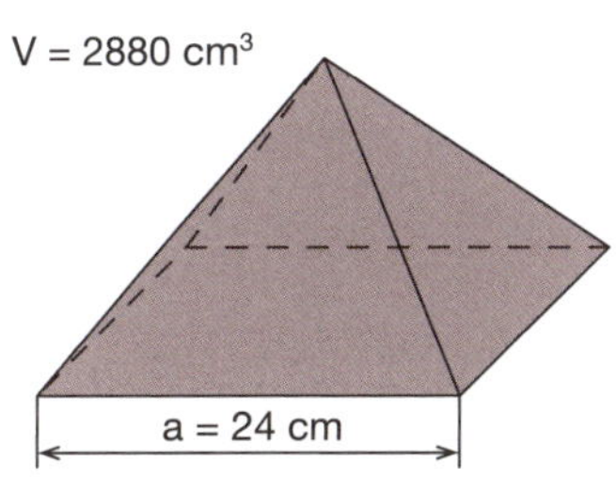

b) Berechne den Radius des Grundkreises.

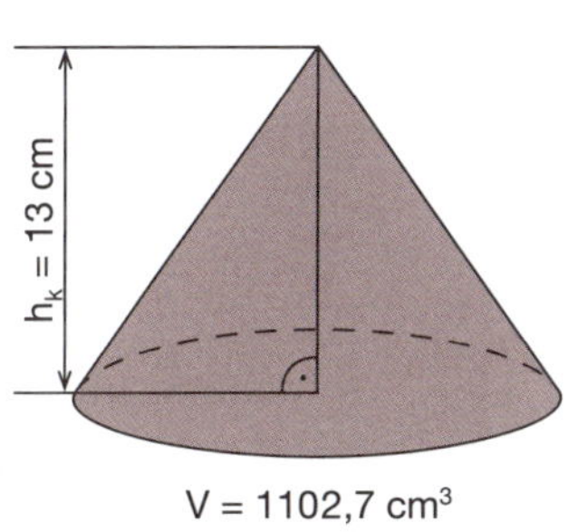

c) Berechne die Körperhöhe der Dose.

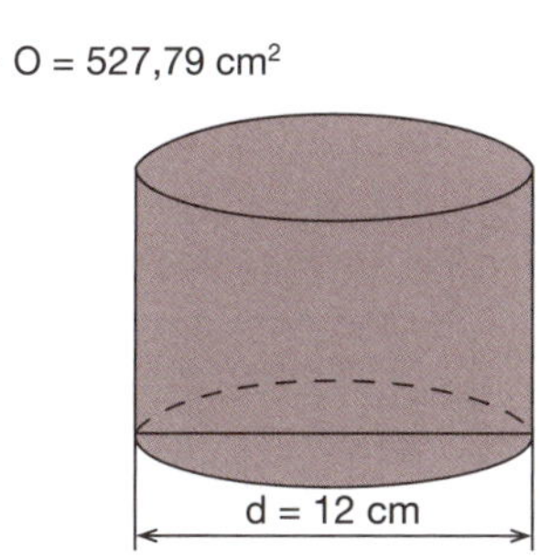

Test 1

1 a) Stelle einen Term für den Materialbedarf auf und vereinfache ihn.
b) Berechne den Drahtbedarf (rot = 8 cm; schwarz = 12 cm; weiß = 15 cm)

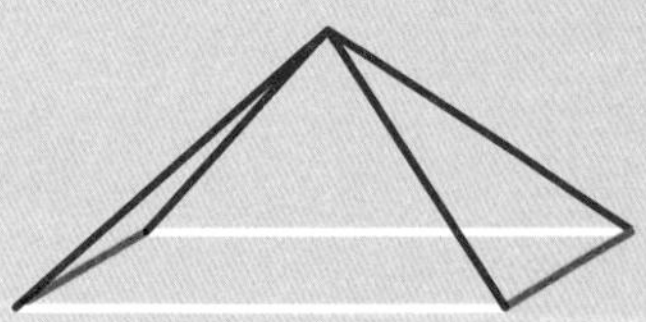

2 Vereinfache die Terme.

a) $7b - 15 - 13b + 18 =$ ____________ b) $(36a - 28) : 4 =$ ____________

3 a) Löse die Gleichung.

$15x + 14 = 11x + 62$

b) Stelle eine Gleichung auf und löse sie. Die Summe aus dem Dreifachen einer Zahl und 37 ist genauso groß wie das Zehnfache der Zahl vermindert um 19.

4 **Diese Woche: Tiefkühlpizza 13% billiger! nur noch 2,49 €**

Wie viel hat die 350-g-Packung in der Vorwoche gekostet?

Test 2

1 Vereinfache die Terme.

a) $5 \cdot (8x - 6) - 12x =$ ____________ b) $25 - (3y + 14) + 9y =$ ____________

2 a) Löse die Gleichung.

$8x - (12 - 5x) = 19x - 48$

b) Stelle eine Gleichung auf und löse sie. Tim kauft für sein Fahrrad einen Sattel und einen Tacho. Der Tacho ist 7,50 € billiger als der Sattel. Zusammen bezahlt er 70,50 €. Wie teuer ist jedes Teil?

3 Berechne die fehlenden Werte.

a) Trapez: $A = 2162\ cm^2$; $a = 54$ cm; $c = 38$ cm; h = ____________

b) Kegel: $V = 4914{,}5\ cm^3$; $h_k = 13$ cm; r = ____________; d = ____________

Proportionale Zuordnungen

1 a) 125 g Salami kosten 1,85 €. Svenja kauft 150 g. Wie viel Euro muss sie bezahlen?

	Menge	Preis
	125 g	1,85 €
: 125	1 g	
· 150	150 g	

Sie muss ____________ bezahlen.

b) In vier Stunden werden 9600 Flaschen mit Saft gefüllt. Wie lange dauert es, 12 000 Flaschen abzufüllen?

Es dauert ____________.

2 Mario ist auf einer Gokart-Bahn 20 Runden gefahren. Er hat dafür 9,80 € bezahlt.

a) Eva ist 25 Runden gefahren. Wie viel € muss sie bezahlen?

____

b) Horst hat 7,84 € bezahlt. Wie viele Runden ist er gefahren?

____

3 Sophie fährt mit ihrem Tourenrad im Durchschnitt 20 km in einer Stunde.

a) Vervollständige das Schaubild.

b) Lies ab und trage ein:

h	$3\frac{1}{2}$	$5\frac{1}{4}$			
km			50	95	115

c) Mit ihrem Rennrad fährt sie 30 km in einer Stunde. Zeichne in das Schaubild ein.

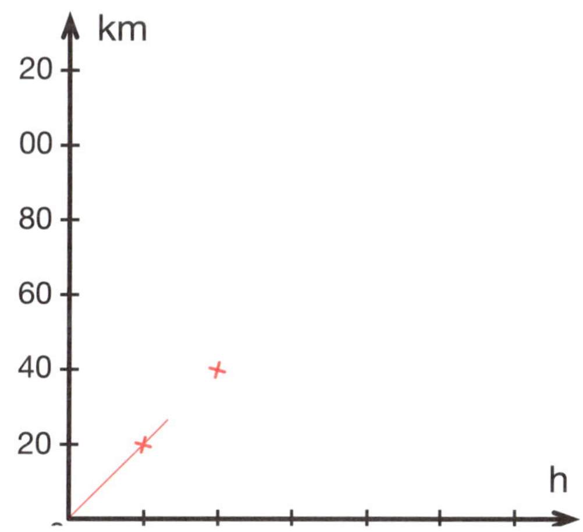

4

Äpfel	373 g	0,90 €
Bananen	724 g	1,09 €
Orangen	880 g	3,17 €
Birnen	215 g	0,69 €
Tomaten	510 g	1,53 €

Berechne die Kilopreise.

1 kg Äpfel kosten ____________.

1 kg Bananen kosten ____________.

1 kg Orangen kosten ____________.

1 kg Birnen kosten ____________.

1 kg Tomaten kosten ____________.

Umgekehrt proportionale Zuordnungen

1 Ein Roggenbrot kann in 40 Scheiben von 9 mm Stärke geschnitten werden. Wie viele Scheiben der Stärke 8 mm würde man erhalten?

Dreisatz

Man erhält ______________________.

Gesamtgröße

Produkt ______________________

Man erhält ______________________.

2 Für Malerarbeiten werden 6 Maler eingeplant, die in 24 Stunden fertig sein sollen.

a) Es stehen nur vier Maler zur Verfügung. Wie viele Stunden benötigen sie?

____

b) Wie viele Maler wären nötig, wenn die Arbeit in 18 Stunden fertig gestellt sein soll?

____

3 Zum Abfahren von Bauschutt würde ein Lkw 120 Stunden benötigen.

a) Ergänze die Tabelle.

Lkw	1	2	3	4	5	6
h	120					

b) Trage in das Schaubild ein. Zeichne eine Kurve.

c) Ein größerer Lkw schafft die Arbeit in 60 Stunden. Zeichne in das Schaubild ein.

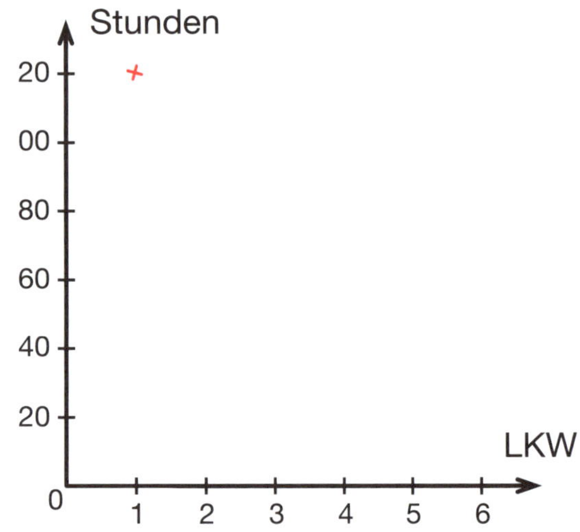

4 Fahrgemeinschaften. Der Gesamtpreis pro Fahrt ist gleich groß.

Proportional und umgekehrt proportionale Zuordnungen

1

er zuerst
Art der
rdnung
timmen.

a) Aus einer Menge Hackfleisch können 800 Frikadellen zu je 75 g hergestellt werden. Wie viele Frikadellen zu je 80 g wären das?

b) Für eine Busfahrt zahlen 25 Schüler 9,40 € pro Person. Wie viel Euro muss jeder bezahlen, wenn nur 20 Schüler mitfahren?

c) 300 Bratwürste wiegen 210 kg. Wie viel kg wiegen 400 Bratwürste?

d) Ein Schneepflug räumt 8 km in 3 Stunden. Wie lange braucht er für 14 km?

2

Vervollständige die Tabellen.

a)

Lkw	2	4	6	
Zeit	72 h			12 h

b)

Anzahl	1	3	5	
Preis			12 €	36 €

c)

Anzahl	1	4		
Gewicht		60 g	30 g	20 g

d)

Pumpen	1	2	4	
Zeit			15 h	5 h

3

a) Familie Ewers Auto verbraucht 8,5 *l* auf 100 km. Reicht das Benzin?

b) Wie viel Euro kostet das Benzin für 100 km?

c) Herr Ewers möchte in $2\frac{1}{2}$ Stunden am Ziel sein. Wie viel km muss er pro Stunde fahren?

d) Frau Ewers reicht es, wenn sie in 4 Stunden ankommen. Wie viel km pro Stunde müssen sie dann fahren?

Einheitspreis, Stundenlohn

1 Bestimme den Kilogrammpreis und trage ihn ein.

2 Ergänze die Preisschilder.

a)

kg	€/kg	€
0,800	1,30	☐

b)

kg	€/kg	€
1,250	☐	0,45

c)

kg	€/kg	€
☐	1,40	0,91

3 Vervollständige die Tabelle.

	Mineralwasser		Fruchtsaft		Geschirrspülmittel		Shampoo	
Preis	3,96 €		1,59 €		2,98 €		2,25 €	1,68 €
Volumen	12 l	1,5 l		6 l	500 ml	375 ml	250 ml	
Literpreis		0,36 $\frac{€}{l}$	1,06 $\frac{€}{l}$	0,63 $\frac{€}{l}$		3,12 $\frac{€}{l}$		4,20 $\frac{€}{l}$

4 Ergänze die Anzeige an den Zapfsäulen.

a)

b)

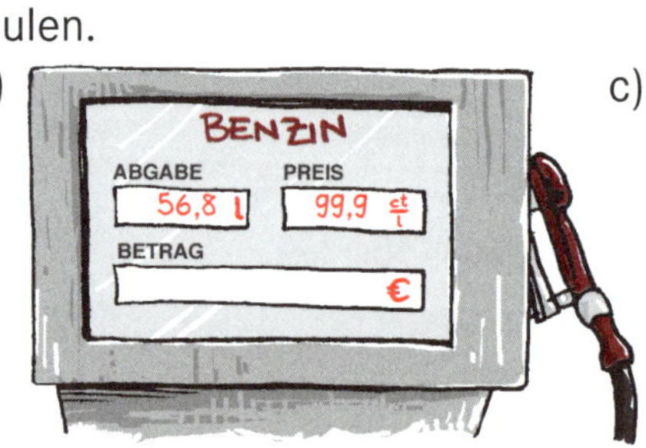

c)

5 Berechne den Stundenlohn.

	a)	b)	c)	d)	e)	f)
Arbeitszeit	8 h	20 h	35 h	40 h	163 h	39,5 h
Lohn	60,40 €	113,00 €	331,10 €	560,80 €	1752,25 €	342,86 €
Stundenlohn						

6 a) Wie viel verdient Toni am Wochenende? b) Wie hoch ist Toms Stundenlohn?

Geschwindigkeit

1 a) Wie hoch ist die Durchschnittsgeschwindigkeit?

> Auf unserer Radtour haben wir für die 24 km 1,5 Stunden gebraucht.

1,5 h ≙ 24 km
1 h ≙

Antwort: ____________________

b) Wie lange hätte der Radrennfahrer für die 24 km gebraucht?

> Bei einem Radrennen hat der Sieger eine Durchschnittsgeschwindigkeit von 50 km pro Stunde erreicht.

Antwort: ____________________

2 Berechne die durchschnittliche Geschwindigkeit in $\frac{km}{h}$.

a) Fußgänger 15 km in 3 h

b) Radfahrer 72 km in 4 h

c) Reiter 3 km in 30 min

d) Jogger 4 km in 20 min

3 Berechne den zurückgelegten Weg.

	a)	b)	c)	d)	e)	f)
Geschwindigkeit	65 $\frac{km}{h}$	80 $\frac{km}{h}$	60 $\frac{km}{h}$	15 $\frac{km}{h}$	9 $\frac{km}{h}$	30 $\frac{km}{h}$
Zeit	5 h	1,5 h	45 min	20 min	14 s	25 s
Weg						

4 Welchen Weg legen die Fahrzeuge in der „Schrecksekunde" zurück?

a) Mofa 25 $\frac{km}{h}$

b) Pkw 50 $\frac{km}{h}$

c) Pkw 130 $\frac{km}{h}$

d) ICE 250 $\frac{km}{h}$

25 km in 1 h
______ m in 1 h
______ m in 1 min
______ m in 1 s

5 Welches ist das schnellste Meerestier? Gib die Geschwindigkeit in $\frac{m}{s}$ und in $\frac{km}{h}$ an.

a) 

Blauwal
2500 m in 3 min
______ m in 1 min
______ m in 1 s
______ m in 1 h
______ $\frac{m}{s}$
= ______ $\frac{km}{h}$

b) 

Tunfisch
210 m in 10,8 s
______ m in 1 s
______ m in 1 min
______ m in 1 h
______ $\frac{m}{s}$
= ______ $\frac{km}{h}$

c) 

Delfin
350 m in 21 s
______ m in 1 s
______ m in 1 min
______ m in 1 h
______ $\frac{m}{s}$
= ______ $\frac{km}{h}$

d) 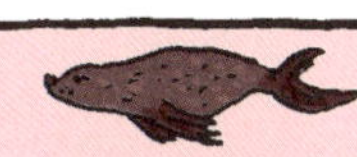

Robbe
12 km in 18 min
______ m in 1 min
______ m in 1 s
______ m in 1 h
______ $\frac{m}{s}$
= ______ $\frac{km}{h}$

Verhältnisse

1 Bestimme die gesuchten Anteile mit dem Mischungsverhältnis.

a) Pflaumenmus

5 Teile Pflaumen
1 Teil Gelierzucker

Frau Löffler hat von ihrer Nachbarin 2 kg Pflaumen bekommen. Wie viel Zucker muss sie abwiegen?

b) Johannisbeermarmelade

4 Teile Johannisbeeren
3 Teile Gelierzucker

Herr Rösner hat 3 kg Johannisbeeren gepflückt. Wie viel Zucker braucht er?

c) Preiselbeerkompott

5 Teile Preiselbeeren
3 Teile brauner Würfel-Kandis

Frau Knaus hat noch 210 g Würfel-Kandis. Wie viel Preiselbeeren muss sie kaufen?

5 kg Pflaumen ≙ 1 kg Zucker

2 kg Pflaumen ≙ ______________

2 Verbinde Verhältnisse, die zusammengehören.

2 : 5	60 : 80	90 : 150	120 : 100	3 : 1	350 : 280
3 : 5	40 : 100	3 : 4	90 : 30	5 : 4	6 : 5

3 a) Zum Frühstück esse ich am Liebsten Körner-Nuss-Müsli. Dazu nehme ich Getreideflocken und Nüsse mit Körnern im Verhältnis eins zu drei. Wie viel Nüsse brauchst du dann für 75 g Getreideflocken? Und wie viel Müsli ergibt das?

b) Für mein Frucht-müsli mische ich Geteideflocken und Trockenfrüchte wie Pflaumen, Aprikosen, Rosinen im Verhältnis drei zu zwei. Ich habe noch 120 g Trocken-früchte. Wie viel Getreideflocken muss ich dann abwiegen?

4 Essig soll mit Wasser im Verhältnis 1 : 6 verdünnt werden. Ergänze die Tabelle.

		a)	b)	c)	d)	e)	f)
Essig (cm^3)	10	25	40				
Wasser (cm^3)	60			30	180		
Gesamte Lösung (cm^3)	70					140	350

5 Die Chemielehrerin stellt für ein Schülerexperiment 60 ml verdünnte Salzsäure her. Dazu mischt sie destilliertes Wasser und Salzsäure im Verhältnis 1 : 3. Wie viel muss sie von jeder Sorte nehmen?

Antwort: ______________________________

MACH DICH FIT!

Test 1

1 9 Liter Benzin wiegen 6,300 kg.

a) Wie schwer sind 45 Liter Benzin? ______

b) Wie viel Liter Benzin wiegen 44,100 kg? ______

2 Sechs Bagger heben eine Baugrube in 24 Stunden aus.

a) Wie lange brauchen vier Bagger? ______

b) Wie viele Bagger schaffen die Arbeit in 18 Stunden? ______

3 a)

Anzahl	1	3	5	8
Gewicht			85 g	

b)

Rohre	1	2	3	4	6
Zeit			18 h		

4 

Der Bus hat 48 Plätze. Vollbesetzt zahlt jeder Fahrgast 9,80 €.

Personen	24	32	40
Einzelpreis	______	______	______

Test 2

1 Ergänze die Preisschilder.

a) Austernpilze

kg	$\frac{€}{kg}$	€
0,420	7,50	

b) Fruchtsaft

l	$\frac{€}{l}$	€
	0,92	0,69

c) Hartkäse

l	$\frac{€}{kg}$	€
0,350		1,68

2

	a) Regionalexpress	b) Intercity IC	c) Intercityexpress ICE
Geschwindigkeit		$132\,\frac{km}{h}$	$208\,\frac{km}{h}$
Zeit	16 min	$1\frac{1}{4}$ h	
Weg	24 km		156 km

3 a) Laura hat am Samstag vier Stunden gearbeitet. Ihr Stundenlohn beträgt 3,88 €. Wie viel hat sie verdient?

b) Lena hat in drei Stunden 14,88 € verdient. Wie hoch ist ihr Stundenlohn?

4 Im Elektroladen werden Fernseher mit einem 16 : 9 Bildschirm angeboten. Wie hoch und wie breit sind sie? Trage ein.

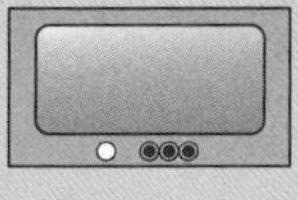

Breite: 56 cm

Höhe: ______

Breite: ______

Höhe: 36 cm

Lösungen

S. 1

1. a)

11^2	13^2	12^2	16^2	18^2
121	169	144	256	324

b)

$1{,}2^2$	$0{,}15^2$	$1{,}7^2$	$1{,}4^2$	$1{,}9^2$
1,44	2,25	2,89	1,96	3,61

2.

		a)	b)	c)	d)	e)
Potenz	5^3	7^2	2^4	6^4	8^3	3^3
Produkt	$5 \cdot 5 \cdot 5$	$7 \cdot 7$	$2 \cdot 2 \cdot 2 \cdot 2$	$6 \cdot 6 \cdot 6 \cdot 6$	$8 \cdot 8 \cdot 8$	$3 \cdot 3 \cdot 3$
Ergebnis	125	49	16	1296	512	27

3.

$3 \cdot 3 \cdot 3 \cdot 3$	$4 \cdot 4 \cdot 4$	$2 \cdot 2 \cdot 2 \cdot 2 \cdot 2$	$4 \cdot 4 \cdot 4 \cdot 4$	$5 \cdot 5$
3^4	4^3	2^5	4^4	5^2
81	64	32	256	25

4. a) $3^5 = 3 \cdot 3 \cdot 3 \cdot 3 \cdot 3 = 243$
$1{,}2^2 = 1{,}2 \cdot 1{,}2 = 1{,}44$
$\left(\frac{1}{2}\right)^5 = \frac{1}{2} \cdot \frac{1}{2} \cdot \frac{1}{2} \cdot \frac{1}{2} \cdot \frac{1}{2} = \frac{1}{32}$

b) $7^3 = 7 \cdot 7 \cdot 7 = 343$
$0{,}5^3 = 0{,}5 \cdot 0{,}5 \cdot 0{,}5 = 0{,}125$
$\left(\frac{3}{5}\right)^3 = \frac{3}{5} \cdot \frac{3}{5} \cdot \frac{3}{5} = \frac{27}{125}$

5. a) 16 b) 81 c) 32 d) 64 e) 125 f) 1000 g) 144 h) 64 i) 1 000 000

S. 2

1. a) $\sqrt{64} = 8$, denn $8^2 = 64$ b) $\sqrt{144} = 12$, denn $12^2 = 144$ c) $\sqrt{49} = 7$, denn $7^2 = 49$
d) $\sqrt{196} = 14$, denn $14^2 = 196$ e) $\sqrt{121} = 11$, denn $11^2 = 121$

2. a) $\sqrt{2{,}25} = 1{,}5$, denn $1{,}5^2 = 2{,}25$
$\sqrt{0{,}64} = 0{,}8$, denn $0{,}8^2 = 0{,}64$
b) $\sqrt{3{,}24} = 1{,}8$, denn $1{,}8^2 = 3{,}24$
$\sqrt{0{,}09} = 0{,}3$, denn $0{,}3^2 = 0{,}09$

3. a) a = 3 cm b) a = 1,50 m c) a = 30 m d) a = 200 m

4.

$7^2 = 49$	$8^2 = 64$	$9^2 = 81$	$9^2 = 81$	$11^2 = 121$	$12^2 = 144$
$8^2 = 64$	$9^2 = 81$	$10^2 = 100$	$10^2 = 100$	$12^2 = 144$	$13^2 = 169$
7,42	8,19	9,11	9,80	11,40	12,65

5. a)

$3^2 = 9$	$9^2 = 81$	$30^2 = 900$	$90^2 = 8100$
	$10^2 = 100$		$100^2 = 10\,000$
9,00	9,49	30,00	94,87

b)

$6^2 = 36$	$1^2 = 1$	$0^2 = 0$
	$2^2 = 4$	$1^2 = 1$
6,00	1,90	0,60

S. 3

1. a) $V = 3{,}375\ \text{cm}^3$ b) $V = 20\,123{,}648\ \text{cm}^3$ c) $V = 107\,171{,}880\ \text{cm}^3$ d) $V = 1929{,}781\ \text{m}^3$

2. a) 1024, 4096, 512
b) 15 625, 2401, 59 049
c) 14 641, 3375, 248 832
d) 2,744, 0,0625, 421,875

3. a) 19 b) 196 c) 500 d) 544 e) 24

4. a) 1000, 900, 1024, 1296
b) 256, 441, 343, 243

5. 76 105 104 97

S. 4

1.

Hunderttausend	100 000	10^5
Zehnmilliarden	10 000 000 000	10^{10}
Billion	1 000 000 000 000	10^{12}
Hundertmillionen	100 000 000	10^8
Milliarde	1 000 000 000	10^9

2. a) 43 000
b) 12 700
c) 853 000
d) 3 070 000

3. Volumen $1{,}083 \cdot 10^{12}\ \text{km}^3$ Wassermenge $1{,}36 \cdot 10^9\ \text{km}^3$ Masse $5{,}97 \cdot 10^{21}$ t Alter $4{,}6 \cdot 10^9$ Jahre

4.

Tausendstel	0,001	10^{-3}
Zehnmillionstel	0,0000001	10^{-7}
Milliardstel	0,000000001	10^{-9}
Hunderttausendstel	0,00001	10^{-5}
Millionstel	0,000001	10^{-6}
Zehntausendstel	0,0001	10^{-4}

5. a) $7 \cdot 10^{-2}$
b) $8 \cdot 10^{-4}$
c) $4 \cdot 10^{-6}$
d) $7{,}1 \cdot 10^{-2}$
e) $4{,}5 \cdot 10^{-4}$
f) $3{,}47 \cdot 10^{-4}$

6. a) 0,0035
b) 0,0000063
c) 0,00015
d) 0,000097

S. 5

Test 1

1. a) $5^3 = 125$ b) $2^6 = 64$ c) $3^4 = 81$

2. a) $6 \cdot 6 \cdot 6 = 216$ b) $4 \cdot 4 \cdot 4 \cdot 4 = 256$ c) $12 \cdot 12 = 144$

3. a) a = 4 cm b) a = 1,60 m c) a = 30 m

4. a) 62 b) 39 c) 128

5. a) 35 000 b) 830 000 c) 0,008

Test 2

1. a) $7 \cdot 7 \cdot 7 = 343$ b) $1{,}5 \cdot 1{,}5 = 2{,}25$ c) $\frac{1}{2} \cdot \frac{1}{2} \cdot \frac{1}{2} \cdot \frac{1}{2} = \frac{1}{16}$

2. a) 5,39 b) 6,71 c) 9,49

3. a) $V = 2{,}744\ cm^3$ b) $V = 12{,}978\ m^3$

4. a) 206 b) 336

5. a) $3{,}5 \cdot 10^6$ b) $7{,}8 \cdot 10^7$ c) $8 \cdot 10^{-4}$ d) $3{,}4 \cdot 10^{-5}$

S. 6

2. a) Maßstab 1 : 2 b) Maßstab 3 : 1

3. a) 1 cm ≙ 40 cm Länge 4,80 m Breite 3,20 m Fläche 15,36 m^2
b) Tisch 3 x 1,5; Sofa 4,5 x 2; Sessel 2 x 2; Fernsehen 2,5 x 1,5; Tischchen 2 x 1; Stuhl 1 x 1.

S. 7

1. a) $\alpha = 70°$ $\beta = 60°$ $\gamma = 50°$ b) c = 3,3 cm $\alpha = 43°$ $\beta = 85°$ c) a = 4,4 cm c = 3,9 cm $\beta = 58°$

2. Bei c) gibt es zwei Lösungen.

S. 8

1.

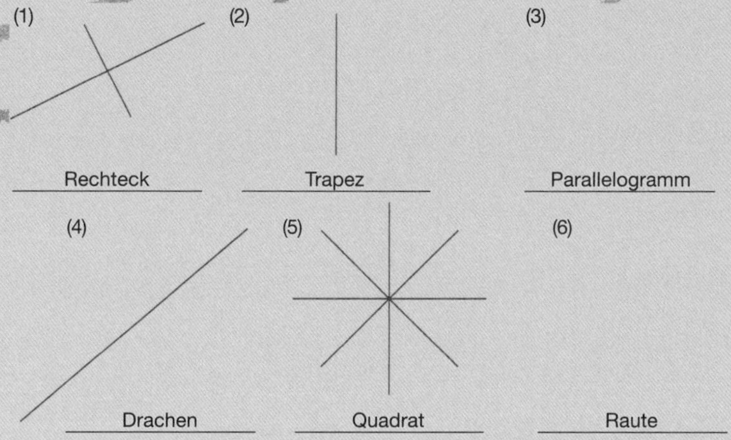

2.

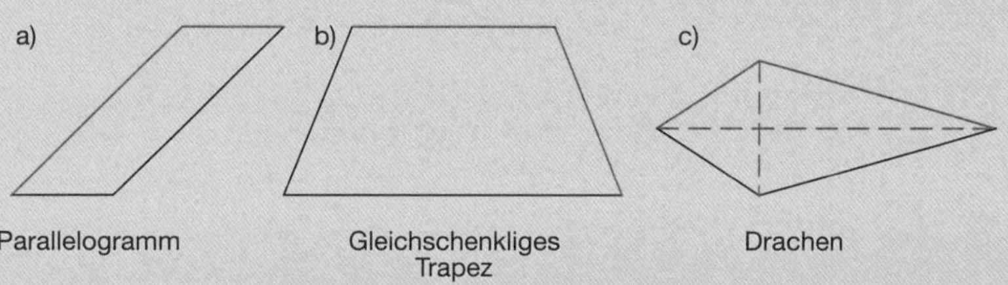

S. 9

1. a)

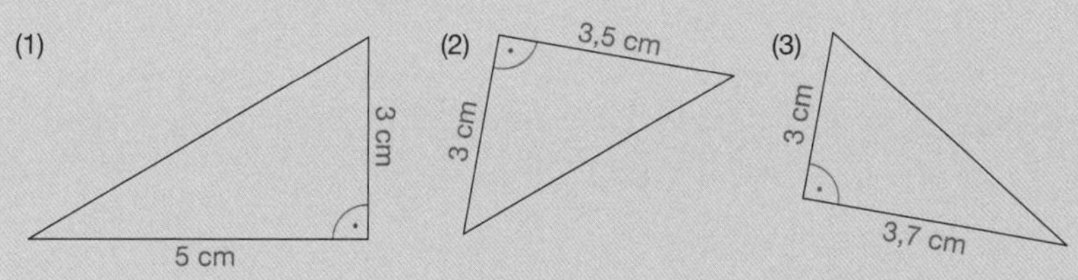

b) (1) c = 5,8 cm (2) c = 4,6 cm (3) c = 4,8 cm

2. a) c = 3,9 cm b) a = 2,6 cm c) b = 4,6 cm

3. a) c = 9,4 cm
c = 9,2 cm
b) b = 18,9 cm
a = 16,7 cm

4. a) Die Leiter reicht 3,39 m hoch. b) Die Rutsche steht 3 m weit von der Wand ab.

S. 10

1. a) h = 5,7 cm
A = 11,4 cm^2
b) h = 30 mm
A = 1200 mm^2
c) h = 8,9 m
A = 71,2 m^2

2. Diagonale 92,2 cm.
Die SAT-Schüssel passt durch.

3. a) Diagonale = 38,1 cm b) 15 Zoll-Monitor

4. a) x = 12 cm b) x = 7,2 cm c) x = 5,8 cm

Lösungen

S. 11

1. a)

r	4 cm	3,5 cm	5 m
u	25,1 cm	22,0 cm	31,42 m
A	50,27 cm^2	38,48 cm^2	78,54 m^2

b)

d	9 cm	7,4 cm	12 m
u	28,3 cm	23,2 cm	37,70 m
A	63,62 cm^2	43,01 cm^2	113,10 m^2

2. a) A = 9,62 cm^2 b) A = 41,56 cm^2 c) A = 20,78 cm^2 d) A = 25,14 m^2

3. a) r = 5,00 m b) r = 12,00 m c) r = 1,50 m

4. a) A = 30,86 m^2 u = 30,42 m b) A = 18,85 m^2 u = 30,85 m c) A = 146,27 m^2 u = 49,13 m

S. 12

1. Gesamtfläche 6200 m^2 2. A: 600 m^2 B: 400 m^2 C: 700 m^2 D: 800 m^2 E: 700 m^2 F: 600 m^2 G: 900 m^2

3. Gesamtfläche der Grundstücke 4700 m^2 4. a) 113,1 m^2 b) 1386,9 m^2 5. 22,4%

S. 13

1. a) Maßstab 1 : 2 b) Maßstab 3 : 1 3. a) c = 5,8 cm c = 5 cm b = 6 cm b) 1,50 m

Test 1 1. a) 8 m / 5 m / 9,40 m b) 1 cm / 0,7 cm

Test 2 3.

Radius r	3,50 m	27 mm	4,0 cm	7 m
Durchmesser d	7 m	54 mm	8,0 cm	14 m
Umfang u	22 m	170 mm	25 cm	43,98 m
Flächeninhalt A	38,48 m^2	2290 mm^2	50,27 cm^2	154 m^2

S. 14

1. a) 408 b) 75 2. a) 280 b) 12 km 3. a) 15% b) 25%

4. a)

Grundwert	580 €	860 m	240 €	1200 m	480 €	84 kg
Prozentsatz	25%	15%	5%	7%	5%	75%
Prozentwert	145 €	129 m	12 €	84 m	24 €	63 kg

b)

Grundwert	480 g	165 €	45 €	3,50 €	16000 m	1250 g
Prozentsatz	7,5%	18%	16%	12%	3,5%	44%
Prozentwert	36 g	29,70 €	7,20 €	0,42 €	560 m	550 g

5. 17% 47% 6. 28 Schüler

S. 15

1. a) p% = 35% b) P = 272 c) G = 350 d) P = 135 € e) G = 240 f) p% = 33%

2. 54 / 15%   90 / 25%   72 / 20%   126 / 35%   18 / 5%

3. a) 17,5% b) 4000 m^2 c) 288 ha d) 28% e) 35,42 € f) 454,50 €

S. 16

1. a) 480 b) 68,75% / 3,125% / 1,25% / 5% / 11,25% / 7,5% / 2,5% / 0,625%

2.

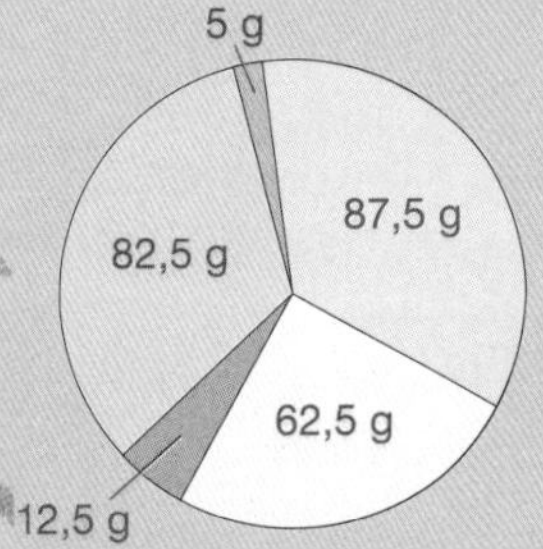

250-g-Portion

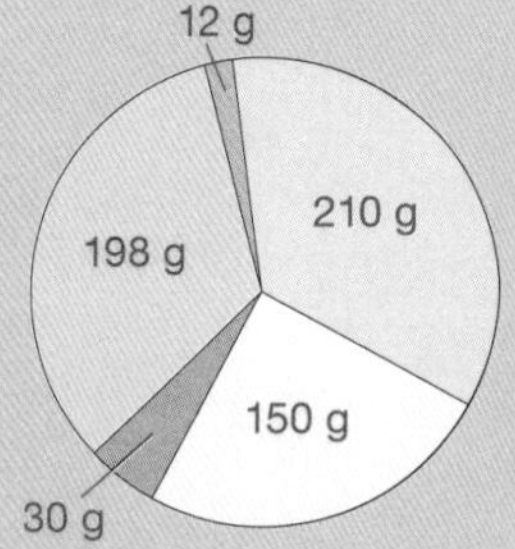

600-g-Portion

3. a) b)

Art	Körperpflege	Toilette	Wäsche	Geschirr	Kochen	Sonstiges
m^3 in Mio.	1470	1350	510	240	180	450
Prozent	35%	32,1%	12,1%	5,7%	4,3%	10,7%

c) 142 Liter

S. 17

1. a) Set 36 €; Skateboard 39,60 € b) Rampe 48,75 €; Helm 19,50 €
2. a) 171,45 € b) 57,15 €
   c) Adrian 92,45 € / 53,9%; Farah 35,75 € / 20,9%; Ruslan 43,25 € / 25,2% d) MwSt 23,65 €
3. Inline-Skates: 18% Rabatt; Eishockeyschuh: 20% Rabatt
4. Gesamtpreis 60,95 € bzw. 48,76 €

S. 18

1. 45 €
2. a) 22,50 € 74,40 € 114,50 € b) 14,28 g 8,64 ml 30,60 m
3.

Grundwert	8500 €	3400 m	960 ml	85625 €	23 kg	25000 €
Promillesatz	7‰	18‰	2,5‰	8‰	15‰	14‰
Promillewert	59,50 €	61,20 m	2,4 ml	685 €	345 g	350 €

4. a) 840 € b) 1062,50 €
5. a) 0,45 mg b) 1,5‰

S. 19

Test 1

1.

Grundwert	840 €	1200 m	45 kg	49,80 €
Prozentsatz	15%	9,5%	6%	4,5%
Prozentwert	126 €	114 m	2,700 kg	2,24 €

2. a) 24,23 € b) 28,80 € c) 48 €
3. PKW 42% 105 LKW 24% 60 Bus 12% 30 Zweirad 22% 55
5. 3%
6. 13 000 €

Test 2

1. a) 24 Tische b) 133 Fahrzeuge c) 16%
2. a)

Preis	96 €	250 €	120 €
Rabatt (%)	25%	8%	15%
Rabatt (€)	24 €	20 €	18 €
Erm. Preis	72 €	230 €	102 €

b)

Preis	280 €	150 €
16% MwSt.	44,80 €	24 €
Preis mit MwSt.	324,80 €	174 €

3. a) 5,1 g b) 6‰ c) 16000 ml

S. 20

1. a) 21 € b) 171 €
2. a) 980 € b) 2400 €
3. a) 8,5% b) 3,75%
4. a)

Kapital	950 €	2348 €	545 €	684 €	650 €	840 €
Zinssatz	3,5%	0,5%	4,0%	6,0%	2,5%	3,5%
Jahreszinsen	33,25 €	11,74 €	21,80 €	41,04 €	16,25 €	29,40 €

b)

Kapital	64,75 €	89,73 €	2580 €	2500 €	120,50 €	642,40 €
Zinssatz	3,0%	2,5%	0,5%	8,5%	2%	5%
Jahreszinsen	1,94 €	2,24 €	12,90 €	212,50 €	2,41 €	32,12 €

5. 3%
6. 135 000 €

S. 21

1. a) Zinsen 21,25 € b) Zinssatz 2,5% c) Kapital 3500 € d) Zinssatz 8,75% e) Zinsen 9,45 € f) Kapital 405 €
2. a) 2727,50 € b) 2722,50 € c) 2725,00 €
3. 6000,00 – 6120,00 – 6273,00 – 6492,56 – 6817,19
   Sie kann mit 6817,19 € rechnen.

S. 22

1. 5,59 €
2. Zinsen: 4 € / 3 € / 25 € / 35 € / 166,05 €
3. Tageszinsen: 0,40 € / 0,67 € / 0,91 € / 1,12 €
   Es werden insgesamt 3,10 € gutgeschrieben.
4. a) 7,20 € Zinsen b) Zinssatz 36%

S. 23

1.

2	4100,00 €	102,50 €	4202,50 €
3	4202,50 €	105,06 €	4307,56 €
4	4307,56 €	107,69 €	4415,25 €
5	4415,25 €	110,38 €	4525,63 €
6	4525,63 €	113,14 €	4638,77 €

Die Zinseszinsen betragen 638,77 €.

2. Endkapital:
   a) 3374,59 €
   b) 2868,81 €
   c) 6230,91 €
   d) 45 838,39 €

3. Albus: 600 €
   Beier: 609 €
   Cegori: 627,54 €

S. 24

Test 1

1.

Kapital	1250 €	3600 €	4200 €	895,40 €
Zinssatz	2,5 %	1,5 %	0,5 %	1,5 %
Jahreszinsen	31,25 €	54 €	21 €	13,43 €

2. a) 2,75 % b) 92 € c) 2,52 €

3. 830,50 € Zinseszinsen

Test 2

1. a) 8,5 % b) 650 € c) 3420 €

2. Zinsen: 10,80 € / 225 € / 2 €; Zeit: 6 Monate

3. a) 1537,81 € Zinseszinsen b) 1500,00 € Zinsen

S. 25

1. Neuer Kontostand: −314 €
   (+249) + (−563) = −314

   Neuer Kontostand: +172 €
   (−173) + (+345) = +172

   Neuer Kontostand: −231 €
   (−94) + (−137) = −231

2. a)

+	+37	−41	−160	+82
−16	+21	−57	−176	+66
−115	−78	−156	−275	−33
+80	+117	+39	−80	+162

b)

+	$-\frac{1}{2}$	$+\frac{3}{4}$	$-\frac{1}{8}$	$-\frac{1}{4}$
$-\frac{1}{2}$	−1	$+\frac{1}{4}$	$-\frac{5}{8}$	$-\frac{3}{4}$
$+\frac{1}{4}$	$-\frac{1}{4}$	+1	$+\frac{1}{8}$	0
$-\frac{3}{8}$	$-\frac{7}{8}$	$+\frac{3}{8}$	$-\frac{1}{2}$	$-\frac{5}{8}$

3. Lösungen im Uhrzeigersinn
   a) −36; −27; 0; −71; −7 b) 0; −8,7; −1,4; −6,2; +2,5; −4,8 c) −4,75; −2,87; −11,05; +5,39; −4,65; −0,16

4. a) −27 + 39 = 12; −84 − 71 = −155; 56 − 56 = 0 b) 7,3 + 9,1 = 16,4; 6,9 − 3,7 = 3,2; −15,1 + 8,4 = −6,7

5. a)

+6	−30	−18
+36	−12	
+48		

b)

−8,2	+1,5	−4,6
−9,7	+6,1	
−15,8		

c)

−230	−48	−116
−182	+68	
−250		

6.

START: (−25)	(−22,3)	(−19,6)	(−16,9)	(−14,2)	(−11,5)	(−8,8)	(−6,1)	(−3,4)

S. 26

1.

	a)	b)	c)	d)	e)
Summe:	+28	−16	−25	+15	−50
Differenz:	+100	−70	+75	−45	−24

2. a)

(−25)	+	(−30)	=	(−55)
−		+		−
(−70)	−	(+150)	=	(−220)
=		=		=
(+45)	+	(+120)	=	(+165)

b)

(+32)	−	(−25)	=	(+57)
+		−		+
(−103)	+	(+64)	=	(−39)
=		=		=
(−71)	−	(−89)	=	(+18)

3. a) −17 − 11 = −28
   13 − 21 = −8
   −5,7 + 2,8 = −2,9

   b) −47 + 23 = −24
   −32 − 28 = −60
   18,8 + 14,2 = 33

4. a) −60; −35; −11,8 b) −96; 3; −68,5

5. ABC 240 ADC 0 ADG −1200 EFG −750 EDG −1580 EDC −380

6. Der neue Kontostand beträgt 1134 €.

S. 27

1

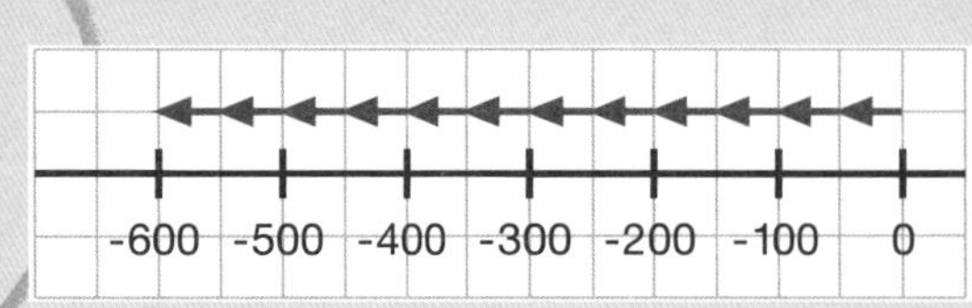

12 · (−50) = −600
In einem Jahr werden Frau Rose 600 € abgebucht.

2. a) +112; −380 b) −13,6; +54 c) $-\frac{9}{10}$; −6

3.

·	(+3)	(+2)	(+1)	0	(−1)	(−2)	(−3)	(−4)	(−5)	(−6)
(+9)	+27	+18	+9	0	−9	−18	−27	−36	−45	−54
(−12)	−36	−24	−12	0	+12	+24	+36	+48	+60	+72

4. a)

(+2)	(−3)	(−6)	+18	−108

b)

(−36)	(+0,5)	−18	−9	−162

c)

(−8)	(−0,5)	+4	−2	−8

d)

+0,2	−15	−3	(+45)	(−135)

5. a) −0,64; +3,6; +1,5 b) −0,63; −0,04; +0,49 c) $+\frac{5}{36}$; $-\frac{1}{9}$; $-\frac{1}{2}$

6. a) (+16) · (−7) [<] (+6) · (−17)
−112 < −102
b) (−16) · (−0,3) [>] (+12) · (−0,4)
+4,8 > −4,8

7. a) −180; +1 b) +700; +270 c) 0; −8

8. (1) −6 [R] (2) +1 [E] (3) −74 [C] (4) −16 [H] (5) −10 [E] (6) −100 [N] (7) −54 [A] (8) +99 [S] (9) +20 [S]
Rechenass

S. 28

1. 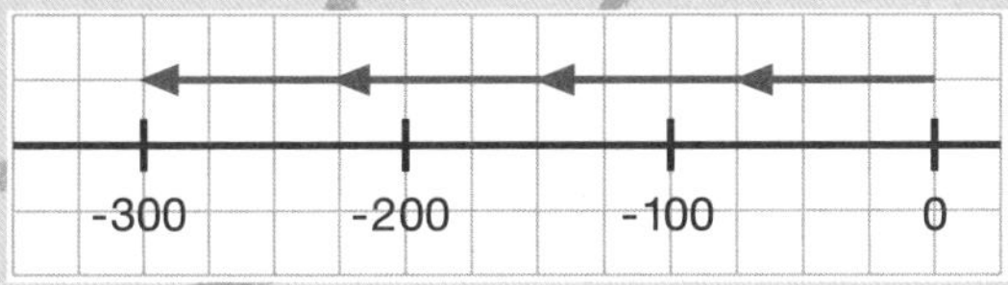

(−300) : 4 = −75
Steffen muss monatlich 75 € zurückzahlen.

2. a) −7; −15; +8 b) −3,2; +0,2; −0,06 c) $-\frac{1}{8}$; $-\frac{1}{15}$; $-\frac{1}{8}$

3. a) +6 b) −18 c) +36 d) +3 e) −7

4. a) −5; +13; +6 b) −0,9; +0,3; −0,8 c) +10; +140; −170

5. a)

:	(−6)	(+12)	(−30)	(+4)
(+30)	−5	+2,5	−1	+7,5
(−18)	+3	−1,5	+0,6	−4,5

b)

:	(−0,12)	(+0,03)	(+20)	(−0,8)
(−84)	+700	−2800	−4,2	+105
(+7,2)	−60	+240	+0,36	−9

6. a) $(+7) : \left(-\frac{1}{2}\right) = -\frac{7}{1} \cdot \frac{2}{1} = -14$
$(-12) : \left(+\frac{3}{8}\right) = -\frac{12}{1} \cdot \frac{8}{3} = -32$
$(+3) : \left(-\frac{9}{10}\right) = -\frac{3}{1} \cdot \frac{10}{9} = -\frac{10}{3} = -3\frac{1}{3}$

b) $\left(+\frac{3}{5}\right) : \left(-\frac{3}{4}\right) = -\frac{3}{5} \cdot \frac{4}{3} = -\frac{4}{5}$
$\left(-\frac{4}{5}\right) : \left(-\frac{1}{4}\right) = +\frac{4}{5} \cdot \frac{4}{1} = +\frac{16}{5} = +3\frac{1}{5}$
$\left(-\frac{3}{10}\right) : \left(-\frac{2}{3}\right) = +\frac{3}{10} \cdot \frac{3}{2} = +\frac{9}{20}$

7. a) (−70) : (+5) = (+14)
(+121) : (−11) = (−11)
b) (−4,5) : (+1,5) = (−3)
(−4) : (−8) = (+0,5)
c) (+2,4) : (−2) = (−1,2)
(+1,6) : (−8) = (−0,2)

8.

START: (−0,3)	(+0,6)	−1,2	+2,4	−4,8	+9,6	−19,2	+38,4	−76,8

S. 29

1. a) +10 b) −20 2. a) −81 b) −37 c) (+24) − (+65) = (−41)

Test 1
3. (−68) + (+105) = +37 Der Temperaturunterschied beträgt 105°. 4. a) −91 b) +2,4 c) $-\frac{2}{5}$
5. a) −210 b) −0,76 c) +0,64 6. a) +4 b) −29,6 c) −8 7. a) +360 b) −450 c) +1

Test 2
1. a) −20 b) −45 2. a) −33,3 b) (−4,9) − (−8,2) = (+3,3) c) (+12,6) + (−29,1) = −16,5
3. Der neue Kontostand beträgt 1181,63 €. 4. a) −420 b) +1,12 c) −0,06 5. a) −73 b) −0,04 c) +0,6
6. a) (−14) · (+3) [>] (+13) · (−4)
−42 > −52
b) (−14,4) : (−0,8) [>] (−15,3) : (−0,9)
+18 > +17
7. a) −125 b) −420 c) 0

S. 30

2. a) Dreiecksäule b) Trapezsäule c) Trapezsäule

S. 31

1. a) (1) O = 96 cm^2 (2) O = 229,5 cm^2 b) (1) V = 48 cm^3 (2) V = 182,25 cm^3

2.

A	d	168 cm^3
B	e	135 cm^3
C	a	130 cm^3
D	c	144 cm^3

3. $V = 60\ cm^3$ $h = 4{,}2\ cm$ (messen oder mit dem Satz des Pythagoras berechnen) $V = 50\ cm^3$ (gerundet)
60 ml kosten 24 € 50 ml kosten 21 €
100 ml kosten 40 € 100 ml kosten 42 €
Das erste Angebot ist günstiger.

S. 32

1. a) (1) $O = 804{,}25\ cm^2$ (2) $O = 639{,}88\ cm^2$ (3) $O = 356{,}26\ cm^2$
b) (1) $V = 1608{,}50\ cm^3$ (2) $V = 1043{,}39\ cm^3$ (3) $V = 515{,}38\ cm^3$

2. a) $V = 48{,}49\ m^3$
b) Das Seil wiegt 259,91 t.

3. a) $142{,}85\ cm^3$ b) $123{,}67\ cm^3$ c) $97{,}69\ cm^3$ d) $184{,}80\ cm^3$ e) $124{,}68\ cm^3$

S. 33

1. a) $V = 50{,}625\ cm^3$ b) $V = 29{,}6\ cm^3$ c) $V = 58{,}37\ cm^3$

2.
$a = 4\ cm$; $h_K = 9\ cm$	$V = 48\ cm^3$
$a = 1\ cm$; $h_K = 12\ cm$	$V = 4\ cm^3$
$a = 5\ cm$; $h_K = 3\ cm$	$V = 25\ cm^3$
$a = 3\ cm$; $h_K = 5\ cm$	$V = 15\ cm^3$
$a = 6\ cm$; $h_K = 2\ cm$	$V = 24\ cm^3$
$a = 2\ cm$; $h_K = 6\ cm$	$V = 8\ cm^3$

3.
	a)	b)	c)
V	$277{,}33\ cm^3$	$20{,}25\ dm^3$	$4{,}263\ m^3$

	d)	e)	f)
V	$821{,}00\ cm^3$	$3465{,}77\ m^3$	$20\,611{,}99\ cm^3$

4. a) Das Volumen beträgt $123{,}15\ cm^3$.
b) $V = 60{,}82\ cm^3$
In der Waffel befinden sich 49 % der gesamten Eismenge.

5. $V = 236{,}67\ cm^3$
Der Briefbeschwerer wiegt 662,68 g.

S. 34

1. a) $O = 444\ cm^2$ b) $O = 4468\ cm^2$ c) $O = 554{,}18\ cm^2$

2.
Quadratische Pyramide			
	a)	b)	c)
a	10 cm	14 dm	16 m
h_k	12 cm	24 dm	15 m
h_s	13 cm	25 dm	17 m
O	$360\ cm^2$	$896\ dm^2$	$800\ m^2$
V	$400\ cm^3$	$1568\ dm^3$	$1280\ m^3$

Kegel			
	d)	e)	f)
r	4,5 cm	13,5 m	4,8 dm
h_k	10,8 cm	18 m	2 dm
s	11,7 cm	22,5 m	5,2 dm
O	$229{,}02\ cm^2$	$1526{,}81\ m^2$	$150{,}80\ m^2$
V	$229{,}02\ cm^3$	$3435{,}33\ m^3$	$48{,}25\ dm^3$

3. a) $M = 16\,640\ cm^2$ Für die Pyramide werden $1{,}66\ m^2$ benötigt.
b) 20 % ≙ $0{,}33\ m^2$ Insgesamt müssen $2\ m^2$ ($1{,}99\ m^2$) bestellt werden.

S. 35

1. (1) a) $d_1 = 1\ cm$; $r_1 = 0{,}5\ cm$
b) $V = 0{,}52\ cm^3$
$O = 3{,}14\ cm^2$

(2) a) $d_2 = 2\ cm$; $r_2 = 1\ cm$
b) $V = 4{,}19\ cm^3$
$O = 12{,}57\ cm^2$

(3) a) $d_3 = 3\ cm$; $r_3 = 1{,}5\ cm$
b) $V = 14{,}14\ cm^3$
$O = 28{,}27\ cm^2$

2. a) $V = 381{,}70\ cm^3$; $O = 254{,}47\ cm^2$
b) $V = 0{,}065\ m^3$; $O = 0{,}785\ m^2$
c) $V = 33\,510{,}32\ dm^3$; $O = 5026{,}55\ dm^2$
d) $V = 24\,429{,}02\ cm^3$; $O = 4071{,}50\ cm^2$

3. a) $V_1 = 28{,}73\ cm^3$; $V_2 = 33{,}51\ cm^3$
Das Volumen hat sich um $4{,}78\ cm^3$ vergrößert.
b) $O_1 = 45{,}36\ cm^2$; mit 5 % Überlappung $47{,}63\ cm^2$
$O_2 = 50{,}27\ cm^2$; mit 5 % Überlappung $52{,}78\ cm^2$
Es werden zusätzlich $5{,}15\ cm^2$ benötigt.

4.
$\frac{1}{4}$ Teelöffel	$\frac{1}{2}$ Teelöffel	1 Teelöffel	1 Esslöffel
$V = 2{,}48\ cm^3$	$V = 4{,}99\ cm^3$	$V = 9{,}97\ cm^3$	$V = 30{,}11\ cm^3$
2,5 ml	5 ml	10 ml	30 ml

S. 36

1. C A B
2. a) von links
3. von oben
4. a) (1) (4)
b) von links von vorn

S. 37

Test 1

1. a) $V = 1008\ cm^3$; $O = 744\ cm^2$
b) $V = 12\,096\ cm^3$; $O = 3776\ cm^2$

2. a) $V = 6283{,}19\ cm^3$ b) $m = 16{,}15\ kg$
c) Sie kann drei Platten auf einmal transportieren.

3. a) $V = 174\,947{,}44\ cm^3$ Der Kessel fasst 174,95 *l*.
b) $O = 18\,731{,}75\ cm^2$ Es sind $1{,}87\ m^2$ erforderlich.

Test 2

1. a) $V = 912\ cm^3$
$O = 622{,}08\ cm^2$ ($h_s = 19{,}92\ cm$)
b) $V = 6720\ cm^3$ ($h_k = 35\ cm$)
$O = 2352\ cm^2$
c) $V = 15\,598{,}53\ cm^3$
$O = 3019{,}07\ cm^2$

2. a) $V = 2 \cdot 0{,}17\ cm^3 = 0{,}34\ cm^3$ Der Diamant wiegt 1,19 g.
   b) Der Stein hat 6 Karat (gerundet).

3. $V = 52{,}36\ cm^3$
   Das Messinglot wiegt 450,3 g.

S. 38

1. A a) $4r + 4s + 4g$
   b) $4 \cdot 20 + 4 \cdot 15 + 4 \cdot 10$
   180 cm

   B a) $3r + 2s + 4g$
   b) $3 \cdot 20 + 2 \cdot 15 + 4 \cdot 10$
   130 cm

   C a) $2r + 4s + 6g$
   b) $2 \cdot 20 + 4 \cdot 15 + 6 \cdot 10$
   160 cm

2. a)
   - $12a - a + 5 + a$ → $12a + 5$
   - $4 - 5a + 8$ → $12 - 5a$
   - $18 + a - 13$ → $5 + a$
   - $7a + 5 - 8a + 13$ → $18 - a$
   - $4 - 5a$

   b)
   - $5x - 16y - 8x + 24y$ → $8y - 3x$
   - $3y - 7x - 11y + 9x + x$ → $3x - 8y$
   - $4x - x - 11y + 7x + 19y$ → $10x + 8y$
   - $7y + 3x + 3y + 3x - 13y + 4x$ → $10x - 3y$
   - $3y - 10x$

3. a) $56z$; $90x$; $48a$
   b) $\frac{9}{4}x$; $\frac{8}{3}a$; $\frac{4}{7}y$

4. a)

·	4x	9y	15b
7	28x	63y	105b
11	44x	99y	165b

   b)

:	6	8	9
144x	24x	18x	16x
360z	60z	45z	40z

5.

		(24x + 46)	
	(16x + 12)	(8x + 34)	
(6x − 3)	(10x + 15)	(19 − 2x)	
(2x − 8)	(5 + 4x)	(6x + 10)	(9 − 8x)

(7a + 6)	(3 − 2a)	(8a − 4)	(9 + 5a)
(9a + 3)	(−10a + 7)	(3a − 13)	
(19a − 4)	(−13a + 20)		
(32a − 24)			

S. 39

1. 1. Weg: $15 \cdot (22 + 9) = 15 \cdot 31 = 465$; 2. Weg: $15 \cdot 22 + 15 \cdot 9 = 330 + 135 = 465$
   Nach dem Kauf ist die Gesamtfläche 465 m^2 groß.

2. a) $x \cdot (z + 5) = x \cdot z + x \cdot 5 = xz + 5x$
   b) $a \cdot (1 + b) = a \cdot 1 + a \cdot b = a + ab$

3. a) $8 - 4y$; $11a + 33$
   b) $38 + 16x$; $63z - 135$

4. a)

·	(x + 8)	(12 − y)	(2b + 4)
6	6x + 48	72 − 6y	12b + 24
1,5	1,5x + 12	18 − 1,5y	3b + 6

   b)

·	7	13	50
(9 + y)	63 + 7y	117 + 13y	450 + 50y
(6x − 13)	42x − 91	78x − 169	300x − 650

5. a)
   - $3 \cdot (14 + x) - 10$ → $32 + 3x$
   - $27 + (x - 12) \cdot 5$ → $5x - 33$
   - $7 \cdot (x + 5) - 4x$ → $3x + 35$
   - $3x - (11 - x) \cdot 2$ → $5x - 22$
   - $35 + 5x$

   b)
   - $7 \cdot (y + 6) + 4 \cdot (2 - y)$ → $50 + 3y$
   - $2 \cdot (5y - 1) - (8 + y)$ → $9y - 10$
   - $3 - 3 \cdot (y - 6)$ → $21 - 3y$
   - $2 \cdot (3y + 5) - 9 \cdot (4 - y)$ → $15y - 26$
   - $15 + 10y$

6. a) $7 + \frac{z}{6}$; $6 - \frac{a}{8}$
   b) $8x - 4$; $3{,}3y + 1{,}6$

7. a)

:	3	5	2
(x + 30)	$\frac{x}{3} + 10$	$\frac{x}{5} + 6$	$\frac{x}{2} + 15$
(15 − y)	$5 - \frac{y}{3}$	$3 - \frac{y}{5}$	$7{,}5 - \frac{y}{2}$

   b)

:	4	6	12
(24 + 48y)	6 + 12y	4 + 8y	2 + 4y
(12x − 36)	3x − 9	2x − 6	x − 3

S. 40

1. $12x - 7 + 3x = 81 - 28$ $x = 4$ Probe: $12 \cdot 4 - 7 + 3 \cdot 4 = 81 - 28$ Die gedachte Zahl heißt 4.

2. a) $5x - 12 = 43$; $x = 11$
   b) $21 = 3x - 6$; $9 = x$
   c) $30 + 7x = 23$; $x = -1$

3. a) $8x - 15 = 29 + 12$; $x = 7$
   b) $3x + 6x - 13 = 16 - 2$; $x = 3$

4. a) $7x - 3x - 5 = 27$; $x = 8$
   b) $47 = 5x - 7 + 4x$; $6 = x$

5. a) $x = 60$
   b) $x = 45$

S. 41

1. a) $9 + 4x = 5x + 3$; $6 = x$
   b) $3x + 8 = 7x$; $2 = x$

2. a) $x = 17$
   b) $9 = x$

3. a) D $x = 11$
   b) B $x = 8$

4. a) x = 3 b) 7 = x c) −2 = x

5.

[1] 1	2		[2] 1	[3] 1
0		[4] 1		5
	[5] 1	2	5	
[6] 2		0		[7] 2
[8] 1	6		[9] 3	0

S. 42

1. x + (x + 3) = 36,80 x = 16,9 Eine CD kostet 16,90 €, eine DVD 19,90 €.
2. x + (x − 2,6) = 18,40 x = 10,5 Der Fußball kostet 10,50 €, der Basketball 7,90 €.
3. a) x + (x + 1,25) = 9,75 x = 4,25 Die Käsepizza kostet 4,25 €, die Pizza „Hawaii“ 5,50 €.
   b) x + (x − 5) = 27 x = 16 In die 9c gehen 16 Jungen und 11 Mädchen.
4. x + 2 · (x − 5) = 29 x = 13 Die Grundseite ist 13 cm lang, ein Schenkel ist 8 cm lang.

S. 43

1. x + (x − 10) + (x + 6) = 113 x = 39 Die Hose kostet 39 €, der Poncho 29 € und der Helm 45 €.
2. x + (x − 6) + (x + 5) = 146 x = 49 Die Lenkertasche kostet 49 €, die Aufsatztaschen kosten 43 €, die Packtaschen 54 €.
3. a)

Tochter	Mutter	Vater	Sohn
x	3x	3x + 4	x − 5
14 J.	42 J.	46 J.	9 J.

x + 3x + (3x + 4) + (x − 5) = 111
x = 14

b)

Alter	jetzt	in 7 Jahren
Sohn	x	x + 7
Mutter	x + 24	x + 24 + 7

(x + 7) + (x + 24 + 7) = 70
x = 16
Der Sohn ist 16 Jahre, die Mutter 40 Jahre alt.

4. x + (x+ 5) + (x + 5 − 3) = 25 x = 6 Die Seite a ist 6 cm, die Seite c ist 11 cm, die Seite b ist 8 cm lang.

S. 44

1. Es sind insgesamt 175 Schulabgängerinnen. Von den Jungen haben sich 12 % als Kaufmann beworben.
2. a)

	Schule am See	
	Arzthelferin	Elektriker
G	42	63
p%	11,9 %	9,5 %
P	5	6

b)

Schule am Gutspark	
Friseurin	Mechaniker
50	65
6 %	12,3 %
3	8

c)

Schule am Steinberg	
Hotelfach	Baugewerbe
29	44
7 %	9,1 %
2	4

3. a) P = 0,80 €;
   p% = 22 %
   Der Jogurt hat vorher 3,64 € gekostet.

   b) G = 4,56 €;
   p% = 23 % (P = 1,05 €)
   Der Pudding kostet jetzt 3,51 €.

   c) G = 7,74 €; P = 5,00 €;
   (p% = 64,6 %)
   Bei den Dosensuppen spart man 35,4 %.

4. a) 44 % Restzeit: 42 min
   Gesamtzeit: 75 min
   p% = 100 % − 44 % = 56 %;
   P = 42 min

   b) 80 % Restzeit 13 min
   Gesamtzeit: 65 min
   G = 65 min; p% = 80 %;
   (P = 52 min)

   c) 60 % Restzeit: 12 min
   Gesamtzeit: 30 min
   G = 30 min; P = 12 min;
   (p% = 40 %)

S. 45

1. a) h = 12,5 cm b) g = 12,4 cm c) h = 17,5 cm
2. a) h = 8 cm b) g = 14,5 cm c) g = 57,4 cm d) d = 15,28 cm; r = 7,64 cm e) r = 2,93 cm; d = 5,86 cm
3. a) h_k = 15 cm b) r = 9 cm c) G = 113,1 cm^2; M = 301,59 cm^2; h_k = 8 cm

S. 46

Test 1

1. a) 2w + 2r + 4s
   b) 2 · 15 + 2 · 8 + 4 · 12 94 cm
2. a) −6b + 3
   b) 9a − 7

3. a) $x = 12$
b) $3x + 37 = 10x - 19$ $x = 8$

4. p% = 100% − 13% = 87%; P = 2,49 €.
In der Vorwoche hat die Pizza 2,86 € gekostet.

Test 2

1. a) $28x - 30$
b) $6y + 11$

2. a) $x = 6$
b) $x + (x - 7{,}50) = 70{,}50$ $x = 39$
Der Sattel kostet 39 €, der Tacho 31,50 €.

3. a) h = 47 cm
b) r = 19 cm; d = 38 cm

S. 47

1. a) 2,22 € b) 5 Stunden

2. a) 12,25 € b) 16 Runden

3. b)

h	$3\frac{1}{2}$	$5\frac{1}{4}$	$2\frac{1}{2}$	$4\frac{3}{4}$	$5\frac{3}{4}$
km	70	105	50	95	115

4. Äpfel 2,41 € / Bananen 1,51 € / Orangen 3,60 € / Birnen 3,21 € / Tomaten 3,00 €

S. 48

1. 45 Scheiben

2. a) 36 Stunden b) 8 Maler

3. a)

LKW	1	2	3	4	5	6
h	120	60	40	30	24	20

c)

LKW	1	2	3	4	5	6
h	60	30	20	15	12	10

4. Gesamtpreis 1,80 € / 3 Personen: jeder 60 Cent / 5 Personen: jeder 36 Cent

S. 49

1. a) 750 Frikadellen b) 11,75 € jeder c) 280 kg d) $5\frac{1}{4}$ h

2. a)

LKW	2	4	6	12
Zeit	72 h	36 h	24 h	12 h

b)

Anzahl	1	3	5	15
Preis	2,40 €	7,20 €	12 €	36 €

c)

Anzahl	1	4	2	$1\frac{1}{3}$
Gewicht	15 g	60 g	30 g	20 g

d)

Pumpen	1	2	4	12
Zeit	60 h	30 h	15 h	5 h

3. a) 300 km → 25,5 *l* reichen b) 9,52 € c) 120 km pro Stunde d) 75 km pro Stunde

S. 50

1. Kartoffeln $0{,}17\ \frac{€}{kg}$ Orangen $0{,}66\ \frac{€}{kg}$ Clementinen $0{,}98\ \frac{€}{kg}$ Champignons $3{,}20\ \frac{€}{kg}$ Haselnüsse $3{,}72\ \frac{€}{kg}$

2. a) 1,04 € b) $0{,}36\ \frac{€}{kg}$ c) 0,65 kg

3.

	Mineralwasser		Fruchtsaft		Geschirrspülmittel		Shampoo	
Preis	3,96 €	0,54 €	1,59 €	3,78 €	2,98 €	1,17 €	2,25 €	1,68 €
Volumen	12 *l*	1,5 *l*	1,5 *l*	6 *l*	500 ml	375 ml	250 ml	400 ml
Literpreis	$0{,}33\ \frac{€}{l}$	$0{,}36\ \frac{€}{l}$	$1{,}06\ \frac{€}{l}$	$0{,}63\ \frac{€}{l}$	$5{,}96\ \frac{€}{l}$	$3{,}12\ \frac{€}{l}$	$9{,}00\ \frac{€}{l}$	$4{,}20\ \frac{€}{l}$

4. a) 24,5 *l* b) 56,74 € c) $83{,}9\ \frac{ct}{l}$

5.

	a)	b)	c)	d)	e)	f)
Stundenlohn	$7{,}55\ \frac{€}{h}$	$5{,}65\ \frac{€}{h}$	$9{,}46\ \frac{€}{h}$	$14{,}02\ \frac{€}{h}$	$10{,}75\ \frac{€}{h}$	$8{,}68\ \frac{€}{h}$

6. a) Toni verdient am Wochenende 31,50 €. b) Toms Stundenlohn beträgt $7{,}50\ \frac{€}{h}$.

S. 51

1. a) Die Durchschnittsgeschwindigkeit beträgt $16\ \frac{km}{h}$.
b) Der Radrennfahrer hätte 28 min 48 s (28,8 min) gebraucht.

2. a) $5\ \frac{km}{h}$ b) $18\ \frac{km}{h}$ c) $6\ \frac{km}{h}$ d) $12\ \frac{km}{h}$

3. a) 325 km b) 120 km c) 45 km d) 300 km e) 126 km f) 750 km

4. a) 25 km in 1 h
25000 m in 1 h
416,67 m in 1 min
6,9 m in 1 s

b) 50 km in 1 h
50000 m in 1 h
833,33 m in 1 min
13,9 m in 1 s

c) 130 km in 1 h
130000 m in 1 h
2166,67 m in 1 min
36,1 m in 1 s

d) 250 km in 1 h
250000 m in 1 h
4166,67 m in 1 min
69,4 m in 1 s

5. a) **Blauwal**
2500 m in 3 min
833,3 m in 1 min
13,9 m in 1 s
50 040 m in 1 h
(49 998)
$13{,}9\ \frac{m}{s}$
$= 50\ \frac{km}{h}$

b) **Tunfisch**
210 m in 10,8 s
19,4 m in 1 s
1164 m in 1 min
69 840 m in 1 h
$19{,}4\ \frac{m}{s}$
$= 70\ \frac{km}{h}$

c) **Delfin**
350 m in 21 s
16,7 m in 1 s
1002 m in 1 min
60 120 m in 1 h
$16{,}7\ \frac{m}{s}$
$= 60\ \frac{km}{h}$

d) **Robbe**
12 km in 18 min
666,7 m in 1 min
11,1 m in 1 s
39 960 m in 1 h
(40 002)
$11{,}1\ \frac{m}{s}$
$= 40\ \frac{km}{h}$

S. 52

1. a) 2 kg Pfl. ≙ 0,4 kg Z. b) 3 kg Joh. ≙ 2,25 kg Z. c) 0,210 kg Z. ≙ 0,35 kg Pr.

2. Verbinde Verhältnisse, die zusammengehören.
2 : 5 → 40 : 100
60 : 80 → 3 : 4
90 : 150 → 3 : 5
120 : 100 → 6 : 5
3 : 1 → 90 : 30
350 : 280 → 5 : 4

3. a) 75 g Getr. ≙ 225 g Nüsse Das ergibt 300 g Müsli. b) 120 g Früchte ≙ 180 g Getr.

4.

		a)	b)	c)	d)	e)	f)
Essig (cm³)	10	25	40	5	30	20	50
Wasser (cm³)	60	150	240	30	180	120	300
Gesamte Lösung (cm³)	70	175	280	35	210	140	350

5. Sie muss 15 ml Wasser und 45 ml Säure nehmen.

S. 53

Test 1

1. a) 31,500 kg b) 63 *l*

2. a) 36 Stunden b) 8 Bagger

3. a)

1	3	5	8
17 g	51 g	85 g	136 g

b)

1	2	3	4	6
54 h	27 h	18 h	$13\frac{1}{2}$ h	9 h

4.

Personen	24	32	40
Einzelpreis	19,60 €	14,70 €	11,76 €

Test 2

1. a) 3,15 € b) 0,75 *l* c) $4{,}80\ \frac{€}{kg}$

2.

	a) Regionalexpress	b) Intercity IC	c) Intercityexpress ICE
Geschwindigkeit	$90\ \frac{km}{h}$	$132\ \frac{km}{h}$	$208\ \frac{km}{h}$
Zeit	16 min	$1\frac{1}{4}$ h	0,75 h ($\frac{3}{4}$ h)
Weg	24 km	165 km	156 km

3. a) Sie hat 15,52 € verdient. b) Ihr Stundenlohn beträgt $4{,}96\ \frac{€}{h}$.

4. Höhe: 31,5 cm Breite: 64 cm